通信工程专业系列教材

移动 IP 技术原理与应用

主　编　宋　绯
副主编　陈　瑾　杨　旸
参　编　崔　丽　龚玉萍　罗屹洁　方　贵　何荣荣

机械工业出版社

本书以移动 IP 技术发展过程为主线，对移动 IP 技术的基本原理、工作机制与实践应用进行了全面系统的分析和阐述，涵盖了移动 IP 技术的最新进展。本书从结点移动性带来的问题入手，介绍了移动 IP 技术的设计目标与功能实体，分析了移动 IPv4 与移动 IPv6 的工作机制及两者之间的区别，研究了移动 IP 技术面临的安全问题，最后阐述了移动 IP 技术在不同系统中的应用。

本书内容完整、层次清晰、紧贴实际、可读性强，既可以作为高等院校通信专业及电子工程专业本科生和研究生的教材，也可以作为从事相关领域研究的科研人员和工程技术人员的参考用书。

图书在版编目（CIP）数据

移动 IP 技术原理与应用 / 宋绯主编. —北京：机械工业出版社，2024.3
通信工程专业系列教材
ISBN 978-7-111-75309-4

Ⅰ.①移… Ⅱ.①宋… Ⅲ.①移动通信–通信协议–高等学校–教材 Ⅳ.① TN915.04

中国国家版本馆 CIP 数据核字（2024）第 052543 号

机械工业出版社（北京市百万庄大街 22 号　邮政编码 100037）
策划编辑：李　帅　王玉鑫　　责任编辑：李　帅　王玉鑫　王　荣
责任校对：甘慧彤　张亚楠　　封面设计：张　静
责任印制：邓　博
北京盛通数码印刷有限公司印刷
2024 年 4 月第 1 版第 1 次印刷
184mm×260mm・9.5 印张・221 千字
标准书号：ISBN 978-7-111-75309-4
定价：35.00 元

电话服务　　　　　　　　网络服务
客服电话：010-88361066　　机　工　官　网：www.cmpbook.com
　　　　　010-88379833　　机　工　官　博：weibo.com/cmp1952
　　　　　010-68326294　　金　书　网：www.golden-book.com
封底无防伪标均为盗版　　机工教育服务网：www.cmpedu.com

前　言

随着互联网技术的飞速发展和移动终端设备的广泛应用，移动用户对随时随地、不受限制接入互联网的需求越来越强烈，但传统 IP 设计并未考虑移动结点更改互联网接入点的问题。移动 IP 在网络层提供移动性支持方案，其设计的目的是确保移动结点能够以原有固网的 IP 地址，实现跨越不同网段的漫游，在切换网络时仍可保持正在进行的通信。因特网工程任务组（IETF）负责制定移动 IP 标准，并形成相关征求意见稿（RFC）文档，推动移动 IP 的技术发展和应用。

移动 IP 作为移动通信与 IP 技术的深度融合，具有较好的可扩展性、可靠性和安全性，应用场景广泛，能够为互联网、第五代（5G）移动通信技术、卫星系统、无线局域网以及战术互联网等多种网络提供结点移动性支持。本书以移动 IP 技术的基本原理、工作机制与实践应用为主线，涵盖移动 IP 技术的最新进展，对移动 IP 技术进行了全面系统的分析和阐述。全书共 8 章，具体安排如下：

第 1 章阐述了结点移动性带来的问题，探讨了特定主机路由、更改 IP 地址以及数据链路层的移动支持方案，重点分析了 3 种方案的局限性，引出移动 IP 技术的设计目标、功能实体等基本概念。第 2、3 章介绍了移动 IPv4 的工作机制，讨论了代理发现、注册与数据包选路的实现流程。第 4 章介绍了移动 IPv6 的工作机制，并重点分析了与移动 IPv4 的不同之处。第 5 章分析了移动 IP 的安全问题，讨论了移动 IP 的安全解决方案。第 6、7、8 章分别介绍了移动 IP 在园区网、与因特网互联的专用网、移动网络、移动通信系统、局域网、战术互联网等不同场景下的应用实践，理论联系实际。

本书由宋绯担任主编，陈瑾和杨旸担任副主编。第 1、4 章由宋绯编写，第 2、3 章由陈瑾编写，第 5 章由宋绯、崔丽和龚玉萍共同编写，第 6 章由罗屹洁和方贵共同编写，第 7、8 章由杨旸和何荣荣共同编写，全书由何荣荣统稿。团队博士研究生、硕士研究生也积极参与编写工作，在此表示衷心的感谢！

对于正在蓬勃发展的移动 IP 技术，由于编者水平有限，书中难免存在不妥之处，敬请广大读者批评指正。

编　者

目 录

前言

第1章 概述 ... 1

1.1 结点移动性带来的问题 ... 1
1.2 固定因特网对结点移动性支持方案 ... 3
    1.2.1 特定主机路由 ... 3
    1.2.2 改变结点 IP 地址 ... 4
    1.2.3 数据链路层解决方案 ... 5
1.3 IP 移动性支持方案 ... 6
    1.3.1 移动 IP 解决的问题 ... 6
    1.3.2 移动 IP 的设计目标 ... 6
    1.3.3 移动 IP 涉及的标准文档 ... 6
1.4 移动 IP 的工作原理 ... 7
    1.4.1 相关术语 ... 7
    1.4.2 功能实体 ... 8
    1.4.3 工作机制 ... 9
思考题与习题 ... 9

第2章 移动 IPv4 的代理发现与注册 ... 10

2.1 移动 IPv4 的代理发现 ... 10
    2.1.1 主要功能 ... 10
    2.1.2 代理发现消息 ... 10
    2.1.3 移动检测 ... 14
    2.1.4 实现过程 ... 15
2.2 注册 ... 17
    2.2.1 主要功能 ... 17

  2.2.2 注册消息 ··· 17
  2.2.3 注册过程 ··· 21
  2.2.4 其他问题 ··· 26
 思考题与习题 ·· 28

第3章 数据包选路 ·· 29
3.1 在家乡网络中收发数据包 ··· 29
3.2 在外地网络中收发单播数据包 ··· 30
  3.2.1 接收单播数据包 ··· 30
  3.2.2 发送单播数据包 ··· 34
3.3 在外地网络中收发广播数据包 ··· 35
  3.3.1 接收广播数据包 ··· 35
  3.3.2 发送广播数据包 ··· 36
3.4 在外地网络中收发组播数据包 ··· 36
3.5 隧道技术 ·· 37
  3.5.1 IP 的 IP 封装 ··· 38
  3.5.2 IP 的最小封装 ··· 40
  3.5.3 通用路由封装 ··· 42
3.6 数据包的过滤与路由 ··· 44
  3.6.1 入口过滤与反向隧道 ··· 44
  3.6.2 三边路由 ··· 45
 思考题与习题 ·· 46

第4章 移动 IPv6 ··· 47
4.1 IPv6 简介 ·· 47
  4.1.1 IPv6 基本首部格式 ··· 48
  4.1.2 IPv6 扩展首部 ··· 50
  4.1.3 IPv6 地址 ··· 51
4.2 移动 IPv6 的工作机制 ··· 53
4.3 路由器发现 ·· 54
4.4 布告 ·· 56
  4.4.1 布告过程 ··· 56
  4.4.2 布告消息 ··· 57
4.5 数据报选路 ·· 57
  4.5.1 已知转交地址的通信对端 ··· 58
  4.5.2 未知转交地址的通信对端 ··· 58

4.5.3　移动结点发送数据报 …… 59
4.6　与移动 IPv4 的对比 …… 59
思考题与习题 …… 61

第 5 章　移动 IP 的安全 …… 62

5.1　因特网中使用的安全技术 …… 62
 5.1.1　IPSec …… 62
 5.1.2　防火墙 …… 73
 5.1.3　VPN …… 75
5.2　移动 IP 的安全威胁 …… 76
 5.2.1　网络安全性及其实现 …… 76
 5.2.2　移动 IP 的安全威胁与防范措施 …… 80
5.3　防火墙外移动结点的安全性 …… 83
 5.3.1　移动结点穿越防火墙的假设和要求 …… 83
 5.3.2　采用 SKIP 穿越防火墙 …… 84
5.4　移动 IP 的认证、授权和记账（AAA） …… 91
 5.4.1　AAA 的基本概念 …… 91
 5.4.2　AAA 的一般模型 …… 91
 5.4.3　AAA 在移动 IP 中的应用 …… 92
思考题与习题 …… 97

第 6 章　移动 IP 在互联网中的应用 …… 98

6.1　移动 IP 在独立园区内的应用 …… 98
6.2　移动 IP 在与因特网连接的专用网中的应用 …… 100
6.3　移动 IP 在移动网络中的应用 …… 101
 6.3.1　移动路由器和固定结点的移动网络 …… 101
 6.3.2　移动路由器和移动结点的移动网络 …… 106
思考题与习题 …… 107

第 7 章　商用通信系统的 IP 移动性支持 …… 108

7.1　移动通信系统的 IP 移动性支持 …… 108
 7.1.1　移动通信的基本概念 …… 108
 7.1.2　5G 的特点 …… 109
 7.1.3　移动 IPv6 在 5G 中的应用 …… 110
7.2　低轨卫星通信网络中的 IP 移动性支持 …… 113
 7.2.1　低轨卫星通信网络的基本概念 …… 113

  7.2.2 低轨卫星通信网络与 5G 的融合 ……………………………………………… 113
  7.2.3 移动 IPv6 在卫星通信网络中的应用 …………………………………………… 116
 7.3 蓝牙网的 IP 移动性支持 ………………………………………………………………… 118
  7.3.1 蓝牙技术概述 …………………………………………………………………… 118
  7.3.2 BLUEPAC ……………………………………………………………………… 119
  7.3.3 移动 IP 在蓝牙网中的应用 ……………………………………………………… 121
 7.4 无线局域网的 IP 移动性支持 …………………………………………………………… 122
  7.4.1 无线局域网的概念和组成 ……………………………………………………… 122
  7.4.2 移动 IP 在无线局域网中的应用 ………………………………………………… 125
  思考题与习题 ……………………………………………………………………………… 126

第 8 章 战术互联网的 IP 移动性支持 ……………………………………………………… 127

 8.1 战术互联网 ………………………………………………………………………………… 127
  8.1.1 战术互联网的概念和发展 ……………………………………………………… 127
  8.1.2 战术移动 Ad Hoc 网络 ………………………………………………………… 129
 8.2 Ad Hoc 网络技术概述 …………………………………………………………………… 130
  8.2.1 Ad Hoc 网络的基本概念 ……………………………………………………… 130
  8.2.2 Ad Hoc 网络路由技术 ………………………………………………………… 132
  8.2.3 Ad Hoc 网络与其他 IP 网络互联 ……………………………………………… 134
 8.3 移动 IP 在移动 Ad Hoc 网络中的应用 ………………………………………………… 138
  8.3.1 移动 IP 在 MANET 中应用的问题 ……………………………………………… 138
  8.3.2 MIPMANET 工作机制 ………………………………………………………… 140
  思考题与习题 ……………………………………………………………………………… 143

参考文献 ……………………………………………………………………………………………… 144

第1章

概　　述

　　网络技术的进步给人们提供了日益广阔的活动空间。相应地，人们的需求也极大地影响着网络技术的革新。随着移动通信设备的超前跟进，手机、笔记本计算机、平板计算机等移动设备的便携性和计算能力不断提高，人们越来越希望以任意移动的方式、更加灵活、不受任何限制地接入互联网或本地局域网，获得如同在固定网一样权限的数据服务，移动网络时代已经到来。移动网络在带来新机遇和新业务的同时，也遇到了新的技术难题。传统的传输控制协议/因特网互联协议（TCP/IP）产生于20世纪70年代，受当时技术水平和条件的限制，基本不支持移动设备。随着网络技术的不断进步，这已成为移动互联网进一步发展的障碍。

　　本章从结点移动性带来的问题入手，分析了特定主机路由、改变结点IP地址与数据链路层3种解决方案的局限性，介绍了移动IP技术的设计目标、功能实体与标准文档，并简述了其工作机制。

1.1　结点移动性带来的问题

　　在图1-1中，主机4的IP地址的网络前缀为8.7.8，当主机4移动到网络前缀为6.7.8的网络中，假设主机1试图向主机4发送数据包。由于IP结点（包括主机和路由器）以IP报头为基础来做转发决策，即以IP目的地址的网络前缀部分来决定路由，因此各结点在同一个网络中的端口必须具有相同的网络前缀。当主机4离开与它具有相同网络前缀的那个网络，移动到具有不同网络前缀的另一个网络中时，按照IP路由技术的工作机制，其选路流程为：

　　1）主机1产生一个数据包，按照主机1的路由表（表1-1），由默认路由通过端口"a"将数据包转发到达下一跳——路由器A（7.7.8.252）。

　　2）路由器A在它的路由表（表1-2）的第三项找到到达网络8.7.8的路由，将数据包从端口"c"到达下一跳——路由器B（9.7.8.253）。

3）对于目的地址的网络前缀等于 8.7.8 的数据包，路由器 B 有一条直连路由。因此，路由器 B 将数据包从以太网 B 上的端口"b"转发出去。然而，因为主机 4 并没有像它的网络前缀所指示的那样连接在以太网 B 上，数据包将无法送达。此时，路由器 B 会向数据包的源主机——主机 1 发送一条互联网控制报文协议（ICMP）主机不可到达（Host Unreachable）错误消息。

表 1-1 主机 1 的路由表

目的地址 / 前缀长度	下一跳地址	端口
7.7.8.0/24	直连	a
0.0.0.0/0	7.7.8.252	a

注：前缀长度单位为位（bit），本书后续路由表同。

表 1-2 路由器 A 的路由表一

目的地址 / 前缀长度	下一跳地址	端口
7.7.8.0/24	直连	a
9.7.8.0/24	直连	c
8.7.8.0/24	9.7.8.253	c
6.7.8.0/24	9.7.8.251	c

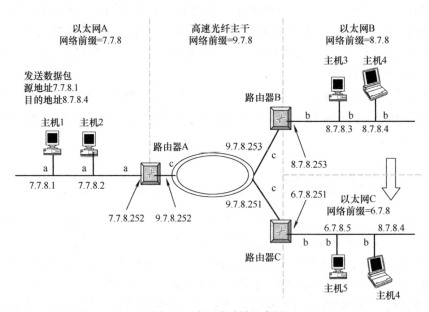

图 1-1 主机移动性示意图

从上述分析可以看出，当主机从一个网络移动到另一个网络时，若没有改变它的 IP 地址以反映它与新网络的连接，则这台主机的通信将会中断。当实现结点移动性支持时，即结点在网络覆盖范围内的移动过程中，网络能持续提供通信服务能力，用户的通信和对业务的访问可以不受结点位置变化的影响，不受接入技术变化的影响，独立于网络接入点的变化。在移动 IP 技术出现之前，固定因特网有 3 种不同的结点移动性支持方案，即特定主机路由、改变结点 IP 地址和数据链路层解决方案。

1.2 固定因特网对结点移动性支持方案

1.2.1 特定主机路由

1. 解决方案

常见的 IP 路由表表项主要有：

1）特定主机路由。前缀长度为 32 位的路由表表项。该路由表表项只能匹配一个特定的 IP 目的地址。

2）网络前缀路由。前缀长度为 1～31 位的路由表表项，如表 1-1 中的第一条表项。该路由表表项匹配与 IP 目的地址网络前缀一样的主机。

3）默认路由。前缀长度为 0 位的路由表表项，如表 1-1 中的第二条表项。该表项可以匹配所有的数据包。

数据包选路依据"最长匹配前缀"原则，可以归纳如下：

1）如果存在一条特定主机路由与数据包的 IP 目的地址相匹配，那么首选特定主机路由，而不选用基于网络前缀路由。

2）如果存在一条网络前缀路由与数据包的 IP 目的地址的网络前缀相匹配，那么首选该网络前缀路由，而不选用路由表中的默认路由或前缀长度较短的任何网络前缀路由。

3）在没有相匹配的特定主机路由或网络前缀路由时，如果存在一条或多条默认路由，那么可以采用默认路由中的任意一条来转发数据包。

4）如果没有任何匹配路由，则宣告路由错误，并向数据包的源端发送一条 ICMP 消息。

依据选路规则，基于图 1-1 的网络架构，当主机 4 移动时，为了实现主机 1 与主机 4 之间的通信，可以通过在路由器 A、路由器 B 和路由器 C 的路由表中加入特定主机路由来解决。以路由器 A 的路由表（表 1-3）为例，最后一行为新增加的特定主机路由。

表 1-3 路由器 A 的路由表二

目的地址 / 前缀长度	下一跳地址	端口
7.7.8.0/24	直连	a
9.7.8.0/24	直连	c
8.7.8.0/24	9.7.8.253	c
6.7.8.0/24	9.7.8.251	c
8.7.8.4/32	9.7.8.251	c

这样，从主机 1 送往主机 4 的数据包将由路由器 A 送到路由器 C，再由路由器 C 将数据包发送到以太网 C 上，主机 4 可以从以太网 C 上接收到数据包。

2. 不足

特定主机路由方案虽然在一定程度上能够支持结点的移动性，但是存在以下不足：

1）可扩展性差。当网络中移动结点数较多，且目的主机的网络经常变更时，移动结点的每次移动都将造成从源结点到自身路由的部分或全部相关路由器表项的修改，极大浪费了路由器的有限资源，不能满足大规模网络互联的要求。

2）有效性差。采用特定主机路由时，路由器处必须保留并维护一个庞大的路由表，对每个数据分组选路时，路由器都要搜索大量的主机地址入口，降低了路由器的选路速度。

3）安全性差。采用特定主机路由需要相应的认证机制和复杂的地址管理协议。为了防止恶意攻击，保证特定主机路由方案的安全性，需要对现有的路由协议进行较大改动，并对路由更新信息进行认证。

从上述内容可以看出，特定主机路由方案存在着严重的可扩展性、有效性和安全性等方面的问题，因此，采用特定主机路由方案支持结点移动性并不可行。

1.2.2 改变结点 IP 地址

1. 解决方案

由于采用网络前缀路由要求同一个网络上所有结点的 IP 地址具有相同的网络前缀，因此，当一个结点从一个网络切换到另一个网络上时，结点需要改变其 IP 地址的网络前缀部分以体现位置的变化，但可以尝试保留 IP 地址的主机部分。若新网络上没有其他结点与其使用相同的主机部分，移动结点即可利用新地址进行以后的通信，否则，移动结点需要改变整个 IP 地址。

2. 不足

1）无法保持现有连接。因特网传输层协议无论采用传输控制协议（Transmission Control Protocol，TCP）或用户数据报协议（User Datagram Protocol，UDP），均采用 IP 地址作为端点标识。以 TCP 为例，结点的 TCP 连接由 4 个值唯一确定：源 IP 地址、目的 IP 地址、源 TCP 端口号、目的 TCP 端口号。除了数据段的净荷，TCP 的校验和计算时也包括前 4 个值。第 4 版互联网协议（IPv4）假设在一个 TCP 连接的整个过程中，源 IP 地址、目的 IP 地址、源 TCP 端口号、目的 TCP 端口号是保持不变的，当目标结点的 IP 地址发生变化时，TCP 连接将断开，导致结点间的通信中断，必须由移动结点以新的 IP 地址建立一条新连接，才能重新通信。若结点在改变接入点前先中止所有通信，在到达新的接入位置时，需要改变 IP 地址重新发起通信，现有因特网协议簇中的自动地址分配机制可以解决这一问题。要确保结点在移动过程中，移动结点业务不中断，只改变其 IP 地址是不可行的。

2）安全性问题。改变移动结点的 IP 地址还存在另外一个问题，在因特网中通常假设结点的主机名是相对固定的，其他结点可以通过域名系统（Domain Name System，

DNS）服务器找到其通信对端的 IP 地址。每当移动结点切换网络，即需要改变 IP 地址时，都必须对 DNS 中的 IP 地址进行更新，频繁的移动将导致 DNS 服务器更新次数激增，DNS 服务器需要对每次更新信息进行认证，确保不是恶意结点上报虚假地址，这对于网络的安全性提出了较大挑战。

3）有效性问题。考虑到移动结点地址可能经常改变，网内其他需要与移动结点通信的主机必须在通信之前在 DNS 服务器中查询移动结点当前的 IP 地址，导致查询次数增加，也会导致 DNS 服务器工作负荷较重，有效性下降。

从上述可以看出，改变结点 IP 地址方案也存在业务中断、安全性和有效性等方面的问题，因此，采用改变结点 IP 地址方案支持结点移动性也是不可行的。

1.2.3 数据链路层解决方案

1. 解决方案

由于结点通常依靠无线通信网实现移动，对因特网的移动性支持的另一种解决思路就是通过无线网在数据链路层提供网络覆盖范围内的移动性支持，此时数据链路层将结点的移动性向网络层屏蔽起来，网络层无须知道结点的移动，这一类方案称为数据链路层解决方案。

以蜂窝移动通信系统为例，当用户向运营商申请移动数据服务时，运营商将动态分配一个在整个蜂窝移动通信网络中使用的 IP 地址，但蜂窝移动通信网络的寻址是基于数据链路层地址进行的，无论结点在蜂窝移动通信网的哪个位置，数据链路层协议对网络层来说是不可见的，保证了数据包能按运营商提供的 IP 地址准确送达。蜂窝移动通信数据链路层解决方案的实现，涉及位置更新、越区切换以及注册认证管理。

位置更新主要实现跟踪、存储、查找和更新移动结点的位置。除了结点位置发生改变时需要进行正常的位置更新外，为了应对可能出现的突发情况（如结点电池耗尽、无信号等），还包括周期性的位置改变等策略。位置更新的性能评价参数主要有位置更新消息开销、位置更新时延和位置更新管理效率等。

越区切换主要实现移动过程中网络接入点变化时会话的通信连续性，即实现当前的接入点到新的接入点之间的业务切换。越区切换主要包括 3 个功能：切换准则（何时何种条件下需要进行切换）、切换控制（由哪些功能实体控制切换，如移动台控制的越区切换、网络控制的越区切换以及移动台辅助的越区切换等）和信道分配。越区切换的性能评价参数主要有失败概率、切换时延、丢包率和切换速率等。

2. 不足

根据数据链路层的定义，数据链路层解决方案只能在一种媒介内提供结点的移动性支持。例如，在蜂窝移动通信系统内部，结点可以任意移动，但当结点移动到另一种媒介上时，例如需要从蜂窝移动通信系统切换至有线网中，就要求结点改换 IP 地址。即数据链路层解决方案不能支持在不同媒介之间的移动。当结点需要在多种不同传输媒介中移动时，比较复杂，数据链路层解决方案不具有媒介的普遍适用性。

1.3 IP 移动性支持方案

1.3.1 移动 IP 解决的问题

针对特定主机路由、改变结点 IP 地址以及数据链路层解决方案的不足，新的移动性支持方案应该重点解决以下问题：

1）移动结点的通信问题。移动结点在改变了网络接入点后，仍能够与其他结点（移动结点或固定结点）进行正常通信，移动过程中业务不会中断。

2）数据链路层的普适性问题。基于统一的设计方案，无论移动结点连接哪个数据链路层接入点，它应仍能用原来的 IP 地址进行通信，对下层屏蔽数据链路层多样化带来了影响。

3）安全性问题。移动结点不应比因特网上的其他结点面临新的或更多的安全威胁。移动计算意味着新的安全威胁，而这些威胁必须由新的移动性支持方案来解决，在方案设计时必须充分考虑其引入的新安全威胁，并通过计算机安全技术进行防范。

1.3.2 移动 IP 的设计目标

移动 IP 是一种在网络层提供移动性支持的方案，其设计目标包括结点在切换网络时仍可保持正在进行的通信，具有较好的可扩展性、可靠性和安全性，适用于各种媒介。另外，移动结点应能与不具备移动 IP 功能的计算机通信，即移动 IP 并不要求改变现有的固定主机和路由器上的协议。简而言之，移动 IP 提供了一种 IP 路由机制，使移动结点可以使用一个长期的 IP 地址连接到任何网络上。

由于移动 IP 是在网络层提供移动性支持，其认为现有网络路由协议能够实现任意两个结点间的数据包传送，且结点间的数据包选路基于网络前缀机制，即数据包在选路时只依据 IP 目的地址来选取，与 IP 源地址无关。实际上，移动 IP 可以看作是一个路由协议，只是与开放最短通路优先（Open Shortest Path First，OSPF）协议、路由信息协议（Routing Information Protocol，RIP）和边界网关协议（Border Gateway Protocol，BGP）等路由协议相比，移动 IP 具有特殊的功能，它的目的是将数据包路由到那些可能一直在快速改变位置的移动结点上。

1.3.3 移动 IP 涉及的标准文档

因特网工程任务组（IETF）自 1996 年 10 月首次发布了移动 IP 标准（草案）以后，又相继公布了一系列的相关征求意见稿（RFC）文档。常用的与移动 IP 相关的 RFC 文档包括：

- 1701 通用路由封装（GRE）。
- 2003 IP 的 IP 封装。
- 2004 IP 的最小封装。
- 2005 IP 移动性支持的适用性论述。
- 2006 使用 SMIv2 定义 IP 移动性支持的管理对象。
- 2977 移动 IP 认证、授权和计费要求。

- 3024 移动 IP 中的反向隧道技术。
- 5944 IPv4 的移动性支持。
- 6275 IPv6 的移动性支持。

1.4 移动 IP 的工作原理

1.4.1 相关术语

在分析移动 IP 的工作原理前，先对其有关的专业名词进行解释，便于原理的理解。

1. 家乡地址、家乡网络和家乡代理

家乡地址（Home Address）是给结点分配的长期 IP 地址，与分配给固定的路由器或主机的地址类似。不管结点在何处接入网络，其家乡地址都将保持不变。

家乡网络（Home Network）是网络地址前缀与移动结点家乡地址的网络前缀相同的网络。家乡网络可能是虚拟的。需要注意的是，固定网络的 IP 路由机制将把发往移动结点家乡地址的数据包发送到移动结点的家乡网络中。

家乡代理（Home Agent）是位于移动结点家乡网络中的一个路由器。家乡代理负责维护移动结点当前位置信息，并且当移动结点不在家乡网络时，由其负责将发送给移动结点的数据包传送到外地网络中的移动结点处。

移动结点一般只用家乡地址和别的结点通信，即移动结点发出的所有数据包的 IP 源地址都是其家乡地址，接收的所有数据包的目的 IP 地址也都是其家乡地址。这就要求移动结点将家乡地址写入 DNS 服务器中，其他结点在查找移动结点的主机名时就能够发现其家乡地址。

2. 转交地址

转交地址（Care-of Address）是结点连接在外地网络时分配给它使用的一个临时 IP 地址。转交地址与移动结点当前所在的外地网络密切相关。每当移动结点切换网络时，转交地址也随着改变。送往转交地址的数据包可以通过现有的因特网路由机制传送，即不需要用于移动 IP 相关的特殊规程来将数据包传送到转交地址上。由于移动结点一般只用家乡地址和别的结点通信，当其他结点查找移动结点的主机名时，DNS 服务器不会返回移动结点的转交地址。

移动 IP 中定义了两种不同类型的转交地址：

1）外地代理转交地址（Foreign Agent Care-of Address）是移动结点所注册的外地代理的某个地址，多个移动结点可以同时共用一个外地代理转交地址。

2）配置转交地址（Co-located Care-of Address）是移动结点从外部获得的本地地址，是暂时分配给移动结点的某个端口的 IP 地址，其网络前缀必须与移动结点当前所连的外地网络的网络前缀相同。当外地网络中没有外地代理时，移动结点可以采用这种转交地址。一个配置转交地址同时只能被一个移动结点使用。

3. 隧道

数据包在处于封装状态时所经过的路径。如图 1-2 所示，当一个数据包被封装在另一个数据包的净荷中进行传送时，所经过的路径称为隧道。

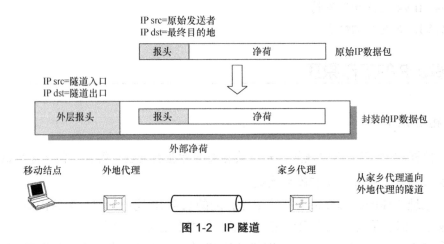

图 1-2　IP 隧道

当移动结点处于外地网络，且存在外地代理时，家乡代理为了将数据包传送给移动结点，会首先将数据包通过隧道送给外地代理，再由外地代理进行拆封后传送给移动结点。

1.4.2　功能实体

为支持结点移动性，移动 IP 引入了 3 种必须实现的协议功能实体，图 1-3 表明了这些实体以及它们之间的关系：

1）移动结点（Mobile Node）。具备移动能力的终端，在网络接入点改变时，仍能使用其家乡地址保持所有正在进行的通信。

2）家乡代理（Home Agent）。位于移动结点家乡网络中的一个路由器。家乡代理负责维护移动结点当前位置信息，并且当移动结点不在家乡网络时，通过创建隧道，将发送给移动结点的数据包传送到外地网络中的移动结点处。

3）外地代理（Foreign Agent）。位于被移动结点访问网络中的一个路由器。外地代理为通过它注册的移动结点提供路由服务。当外地代理接收到家乡代理通过隧道传送过来的数据包时，先拆封后发送给移动结点。对于从移动结点发出的数据包，外地代理则充当该注册移动结点的默认路由器。

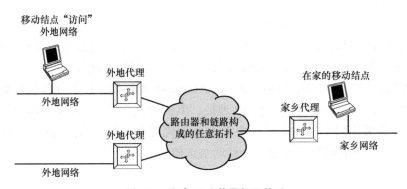

图 1-3　移动 IP 实体及相互关系

1.4.3 工作机制

以移动 IPv4 为例,对其工作机制进行简要总结,详细分析将在第 2 章中展开。移动 IPv4 的工作机制如下:

1)通过周期地组播或广播一个称为代理广播(Agent Advertisement)的消息,家乡代理和外地代理宣告它们与网络的连接关系。

2)移动结点基于收到的代理广播消息,判定自己是连在家乡网络还是外地网络中。当它连在家乡网络中时,不需要利用移动 IP 的功能。下面的步骤假设移动结点连接在外地网络中。

3)连在外地网络中的移动结点需要获取一个转交地址。外地代理转交地址可以通过外地代理广播的代理广播消息获得,配置转交地址需要通过动态主机配置协议(Dynamic Host Configuration Protocol,DHCP)或手工配置等方式获得。

4)移动结点向家乡代理注册从第 3 步中得到的转交地址,注册过程中如果网络中有一个外地代理,移动结点就向它请求服务。为阻止拒绝服务攻击,注册消息要求进行认证。

5)家乡代理或者是在家乡网络中的其他一些路由器,广播对移动结点家乡地址的网络前缀的可达性,从而吸引发往移动结点家乡地址的数据包,家乡代理截取数据包后,根据移动结点在第 4 步中注册的转交地址,通过隧道将数据包传送给移动结点。

6)在转交地址处——可能是外地代理或移动结点的一个端口,原始数据包从隧道中拆封后,传送给移动结点。

7)相反,由移动结点发出的数据包被直接选路到目的结点上,无须隧道技术。

思考题与习题

1. 请分析特定主机路由、改变结点 IP 地址以及数据链路层解决方案在结点移动性支持方面的不足。
2. 请描述移动 IPv4 的工作机制。
3. 简述移动 IP 的功能实体。

第 2 章

移动 IPv4 的代理发现与注册

当移动结点连到外地网络中时，传统固定因特网的路由机制已经不能将发往移动结点家乡地址的数据包转发至移动结点所处的外地网络。移动 IP 技术通过代理发现、注册与数据包选路，确保移动结点能够以一个长期的 IP 地址连接到任何网络上。首先移动结点代理广播消息，判定自己是连在家乡网络还是外地网络中。当移动结点位于家乡网络时，不需要利用移动 IP 的功能；当移动结点位于外地网络时，需要获取一个转交地址，并将其向家乡代理注册。若家乡代理通过移动结点的注册请求，其将吸引发往移动结点家乡地址的数据包，并根据移动结点注册的转交地址，通过隧道将数据包传送给移动结点。

本章主要介绍移动 IPv4 代理发现与注册相关的主要功能、消息以及实现过程，并简述过程中可能遇到的问题。

2.1 移动 IPv4 的代理发现

2.1.1 主要功能

当移动结点位于家乡网络时，与普通固定结点一样，否则，需要通过移动 IP 功能实现数据包的收发，因此作为移动 IP 的第一步，代理发现（Agent Discovery）过程必须完成以下功能：

- 判断当前位置是连接到家乡网络还是外地网络。
- 检测是否已经从一个网络切换到另一个网络。
- 当连接在外地网络时，得到一个转交地址。

2.1.2 代理发现消息

代理发现的功能主要通过代理广播（Agent Advertisement）消息和代理请求（Agent Solicitation）消息实现，它们分别由 [RFC 1256] 定义的 ICMP 路由器发现消息（ICMP Router Discovery Message）中定义的路由器广播（Router Advertisement）消息和路由器请求（Router Solicitation）消息扩展得到。由于密钥管理上的困难，移动IP不要求对这两种消息进行身份认证，有关移动IP的安全和密钥管理问题将在第5章中进行介绍。

1. 代理广播消息

代理广播消息由家乡代理和外地代理发出，向移动结点宣告服务功能。当某个路由器在某个网络中充当家乡代理或外地代理，或同时充当家乡及外地代理时，需要在网络中周期性地组播或广播代理广播消息，使连接在该网络中的移动结点能够判定该网络中是否有代理存在，并且广播其相应的标识（IP地址）和功能。

代理广播消息通过在ICMP路由器广播消息（图2-1）中包含的一个移动代理广播扩展（Mobility Agent Advertisement Extension）和一个可选的前缀长度扩展（Prefix-Length Extension）而扩展得到。其各域部分解析如下：

（1）IP报头（IP Field）
- 生存时间（TTL）：代理广播的TTL必须设置为1，无须其他结点转发。
- 源地址（Source Address）：发送该广播消息的代理IP地址。

移动结点可以通过代理IP地址判断自己当前连接在家乡网络还是外地网络。如果代理IP地址的网络前缀与移动结点家乡地址的网络前缀相同，特别是，如果代理IP地址与移动结点的家乡代理地址相同，移动结点就判定自己连接在家乡网络。反之，如果代理IP地址的网络前缀与移动结点家乡地址的网络前缀不同，则表明移动结点没有连接在家乡网络，它启动"移动检测"算法，判断是否又移动到了一个新网络。如果是，它将需要一个新的转交地址，并重新向家乡代理注册。

- 目的地址（Destination Address）：广播消息的目的地址。

与ICMP路由器发现消息的定义一样，代理广播的IP目的地址可以为该网络中的组播地址（224.0.0.1），或者是特定链路广播地址（255.255.255.255）。注意，一般情况下移动结点并不知道它所在的外地网络前缀，因此代理广播的IP目的地址不推荐使用特定前缀广播地址。

（2）ICMP路由器广播
- Code（代码）：该域可设置为0或16。当Code域为0时，表示该代理除了提供代理服务功能外，还可为普通数据包提供路由服务，即网络中的其他结点也可以将它作为路由器。当Code域为16时，该代理仅提供与代理相关服务，不为普通数据包提供路由服务，因此移动IP的家乡代理/外地代理可以通过将该域设置为16来防止除移动结点外的其他结点把它们作为路由器。
- 校验和（Checksum）：用来检测接收的消息有没有错误。
- 生存时间（Lifetime）：表示代理发送广播的频率，主要用作"移动检测"。周期性发送代理广播的时间间隔通常设置为生存时间的1/3，这意味着当移动结点连续丢失3个广播后，才会将该代理删除。注意该域与移动代理广播中的"Registration Lifetime"域没有任何关联。

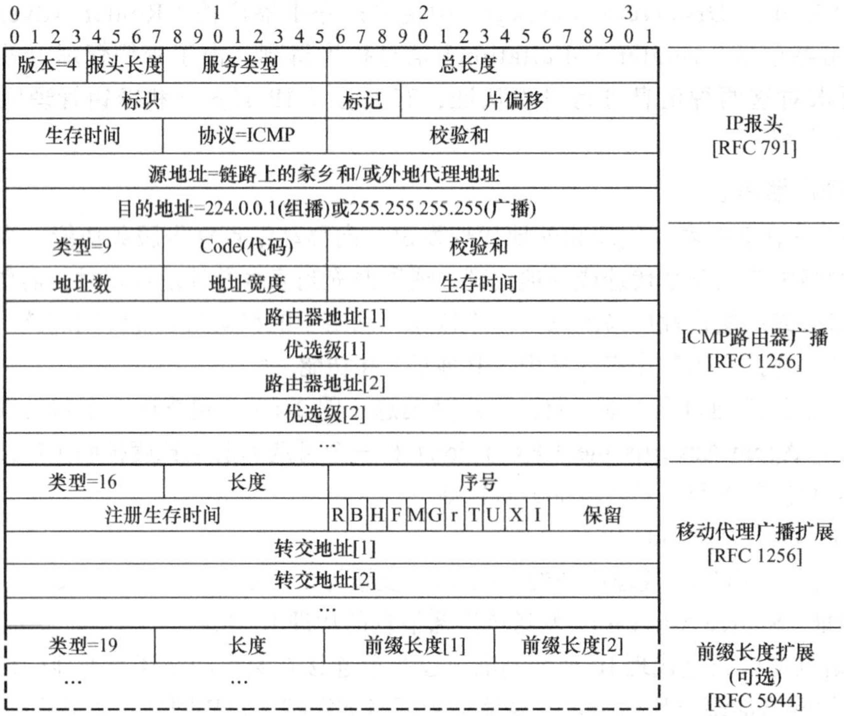

0	1	2	3	
0 1 2 3 4 5 6 7 8 9	0 1 2 3 4 5 6 7 8 9	0 1 2 3 4 5 6 7 8 9	0 1	

版本=4	报头长度	服务类型	总长度	
标识		标记	片偏移	IP报头
生存时间	协议=ICMP	校验和		[RFC 791]
源地址=链路上的家乡和/或外地代理地址				
目的地址=224.0.0.1(组播)或255.255.255.255(广播)				
类型=9	Code(代码)	校验和		
地址数	地址宽度	生存时间		
路由器地址[1]				ICMP路由器广播
优选级[1]				[RFC 1256]
路由器地址[2]				
优选级[2]				
...				
类型=16	长度	序号		
注册生存时间		R B H F M G r T U X I	保留	移动代理广播扩展
转交地址[1]				[RFC 1256]
转交地址[2]				
...				
类型=19	长度	前缀长度[1]	前缀长度[2]	前缀长度扩展
...	...			(可选) [RFC 5944]

图 2-1 代理广播消息

• 地址数（Num Addrs）域和地址宽度（Addr Entry Size）域分别表示路由器地址/优先级（Router Address/Preference Level）对的数目，以及每对包含的字节数。对于 IP 地址，地址宽度等于 8B（4B 地址加上 4B 优先权）。如果 IP 数据包的总长度域等于根据地址数和地址宽度计算的长度，那么接收的消息就是 ICMP 路由器广播消息。否则，接收到消息的其他部分就被认为是扩展部分。如果其中有一个扩展部分为移动代理广播扩展（Mobility Agent Advertisement Extension），那么接收到的这条消息就是代理广播消息。

（3）移动代理广播扩展

• 类型（Type）：该域设置为 16，标识扩展类型为移动代理广播扩展。

• 长度（Length）：不包括类型域和长度域本身的扩展数据部分的字节数。当被广播的转交地址数为 N 时，该域的值为（6+4N）。

• 序号（Sequence Number）：该域表示自代理初始化以后发送的代理广播消息的数量，范围为 0 到 0xffff。当代理重启后，必须使用 0 作为其第一个广播的序列号。随后每广播一个代理广播消息，序列号依次增 1。当序列号增加至 0xffff 后，下一个序列号必须设置为 256。基于上述机制，移动结点能够区分序列号的减小是由于代理重启引起的还是序列号达到 0xffff 后翻转引起的。

• 注册生存时间（Registration Lifetime）：该域表示代理愿意接受注册请求的最长生存时间（以 s 为单位），0xffff 表示无穷大。该域与代理广播中的 ICMP 路由器广播部分的"生存时间（Lifetime）"域无关。

- R：该位表明要求注册。如果该位置 1，则表示外地代理要求移动结点必须通过它进行注册，即使移动结点采用配置转交地址；如果该位置 0，则无此限制。该位的功能是为了让外地网络中的服务提供商只为通过认证的移动结点服务。
- B：外地代理通过将该位置 1 来表示不能接受移动结点的注册，移动结点需要注册到其他的外地代理上。
- H：该位置 1，表示发送该广播消息的代理作为该网络中的家乡代理提供服务。
- F：该位置 1，表示发送该广播消息的代理作为该网络中的外地代理提供服务。
- M：该位置 1，表示该代理可接收采用最小封装的数据包。
- G：该位置 1，表示该代理可接收采用通用封装的数据包。
- r：该位为保留字段。通常置 0，接收时可以忽略。
- T：该位置 1，表示该外地代理支持移动结点到家乡代理的反向隧道，具体机制将在后续章节讨论。
- U：该位置 1，表示该代理支持 UDP 隧道。
- X：该位置 1，表示该代理支持注册撤销。
- I：该位置 1，表示该代理支持地区注册。
- 转交地址（Care-of Address）：该域表示外地代理提供的外地代理转交地址。代理广播消息中如果 F 位置 1，则至少必须包含一个转交地址。转交地址的数目取决于长度（Length）域。

（4）前缀长度扩展

前缀长度扩展为可选项，用来表示代理广播的 ICMP 路由器广播部分所列出的路由器地址的网络前缀位数。注意给出的前缀长度不适用于移动代理广播扩展所列出的转交地址。

- 类型（Type）：该域设置为 19，标识扩展类型为前缀长度扩展。
- 长度（Length）：该域与 ICMP 路由器广播部分地址数域的值相等。
- 前缀长度（Prefix Length）：该域定义了该消息中 ICMP 路由器广播部分列出的相应路由器地址的网络号。按消息中 ICMP 路由器广播部分路由器地址排列的顺序，将每个路由器地址的前缀长度编码为 1B。移动结点可以利用前缀长度扩展来判断是否已经切换网络，其方法将在本章 2.1.3 节中进行分析。

2. 代理请求消息

当移动结点由于某种原因，无法等待下一个周期发送的代理广播消息，需要立即得到代理广播消息时，它可以发送代理请求消息。网络中所有收到该请求消息的代理会立即发送一个代理广播消息作为应答。代理请求消息对于快速移动的结点非常重要，当快速切换网络时，由于代理广播消息的发送频率相对较慢，移动结点可以通过发送代理请求消息，及时获得当前网络中的代理广播消息。代理请求消息如图 2-2 所示，其结构与代理广播消息类似。要求 IP 报头中的生存时间域必须设置为 1，且代理/路由器请求消息的类型域取值为 10。

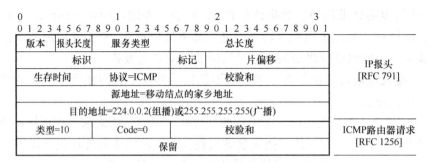

图 2-2 代理请求消息

2.1.3 移动检测

1. 基于代理广播消息的移动检测

当移动结点所连接的网络中至少有一个代理时，即移动结点可以收到代理广播消息时，有两种机制可用于检测移动结点是否已经从一个网络移动到另一个网络。

（1）利用生存时间进行移动检测

考虑到无线信道特性较差，结点在移动过程中广播消息有可能丢失，根据 [RFC 5944] 中建议，家乡代理和外地代理应适当增加发送广播消息的频率，一般使间隔发送时间为图 2-1 所示代理广播消息中 ICMP 路由器广播部分的生存时间域的 1/3。这意味着如果广播消息无丢失，则在生存时间域过期之前，移动结点应可以收到 3 条来自同一个代理的代理广播消息。如果在当前代理的生存时间内没有收到任何广播消息，则移动结点就认为自己已经移动到另一个网络了，或当前代理已损坏，需要尝试寻找新代理并向其申请注册。如果在该生存时间内，移动结点收到了另一个代理的代理广播消息，则移动结点可尝试向该代理申请注册。如果在此期间，移动结点未收到任何代理广播消息，那么，它就发送一条代理请求消息。

（2）利用网络前缀进行移动检测

移动结点除了可以利用生存时间进行移动检测外，还可以利用图 2-1 所示代理广播消息中前缀长度部分进行移动检测，但是由于该部分为可选项，该方法仅在移动结点可以判断当前所在网络的网络前缀时适用。每当移动结点收到代理广播消息时，计算并记录其相应的网络前缀。如果新收到的广播消息对应的网络前缀与记录结果一致，则移动结点判定自己的位置没有发生改变，由于在同一个网络中可能存在多个外地代理，即使代理广播消息的源地址发生改变，此时移动结点也不必向新的外地代理注册；如果不一致，则表明移动结点位置已经改变，需要向新网络中的外地代理进行注册。

移动结点基于代理广播消息确定网络前缀的步骤为：首先提取 IP 报头中代理广播消息的源地址，然后在 ICMP 路由器广播中列举的地址中搜索源地址的序号，并依据序号，在前缀长度扩展中找到该地址对应的前缀长度，最终确定代理广播消息的网络前缀。

2. 无代理广播消息时的移动检测

当移动结点当前所在的网络中没有代理或代理出现故障，移动结点收不到任何广播消息时，移动结点可以采用以下方法设法通信并进行移动检测。如果移动结点发送了多个代理请求消息后，也收不到任何代理广播消息时，它首先假设自己位于家乡网络，而家乡代理又恰好处于故障状态（否则，家乡代理一定会发送代理广播消息）。此时，移动结点可以向家乡网络的默认路由器发送 ICMP 回波请求（Echo Request）消息，如果这台默认路由器给出了应答，那么移动结点可以正常进行家乡网络上的通信。

如果家乡网络的默认路由器没有应答，那么移动结点认为自己位于外地网络中，而这个外地网络中恰好没有外地代理。这时，移动结点只能设法通过 DHCP 服务器获得一个配置转交地址，如果成功，则它需要基于该配置转交地址向家乡代理申请并完成注册，具体的注册机制将在本章 2.2 节详细介绍。如果 DHCP 服务器没有应答，那么只能手工配置一个 IP 地址作为转交地址。

当移动结点获得一个配置转交地址后，可以通过以下两种方法来判断自己是否从一个没有代理的网络移动至另一个网络。

1）在已打开的 TCP 连接上检查最近是否进行了数据的收发。如果没有，移动结点可以推断，在它上一次注册后已经切换网络了。

2）移动结点可以将网络接口驱动设置为接收网络中所有数据包的模式。在此条件下，移动结点不但可以接收发送给它的数据包，还可以检查网络中的其他数据包。如果这些数据包中没有一个网络前缀与它的配置转交地址网络前缀一致，就可以推断自己已从获得转交地址的网络切换到另一个网络上了。此时，移动结点应设法得到一个新的配置转交地址并向它的家乡代理注册。当然，采用这种方法的前提条件是移动结点必须知道各种网络的前缀长度，这样才可判断转交地址的网络前缀与当前网络的网络前缀是否相等。

需要注意的是，上述两种方法 TCP 进程监测和检查网络中的所有数据包，都需要网络层（IP 和 ICMP）以外的协议层（即传输层和数据链路层）信息，帮助移动 IP 更好地完善移动检测功能。

2.1.4 实现过程

从代理发现的功能可以看出，该步骤需要家乡代理、外地代理和移动结点共同完成，下面，分别介绍代理（包括家乡代理和外地代理）和移动结点是如何运用代理发现消息实现该功能的。

1. 代理

所有的代理都应该能够发送代理广播消息，并能够响应移动结点发出的代理请求消息。代理广播和代理请求与 ICMP 路由器发现消息的过程相似，但存在以下区别。

1）由于移动 IP 的实现多是采用无线信道，考虑到无线频谱资源的稀缺性，代理发送代理广播消息的频率不能太高，以免占用过多的频谱资源。[RFC 5944] 建议的最高频率为 1 次 /s。

2）在 ICMP 路由发现消息中，路由器所收到的路由器请求消息一定来自与该路由器同一网络的相邻结点。而在移动 IP 中，由于发送代理请求的移动结点可能来自任何其他网络，因此，收到代理请求的移动代理不能要求代理请求消息的 IP 源地址为其与同一网络中的地址。

3）由于在一些系统中，移动结点可通过数据链路层协议发现代理，在这种情况下，为了减少无线网络中发送代理广播消息的开销，代理无须周期性地发送代理广播消息，此时，可以将代理配置为仅在收到代理请求消息时才发送代理广播进行应答。

如果家乡网络不是一个虚拟网络，那么移动结点的家乡代理应该位于由移动结点家乡地址标识的网络上，并且家乡代理在该网络中发送的代理广播消息必须将移动代理广播扩展中的 H 位置 1。基于对 H 位的检测，移动结点可以判断自己是否位于家乡网络。还需注意，由于家乡代理可能同时充当外地代理，当它充当外地代理时，不允许将 H 位置 1。

如果家乡网络是一个虚拟网络，即家乡网络除家乡代理外没有其他的物理实体。此时，没有实际的链路供家乡代理发送代理广播消息，以该网络为家乡网络的移动结点总是被视为"远离家乡"。在某个特定的子网上，代理对于可选项的支持应具有一致性，即要么所有的移动代理都包含前缀长度扩展，要么所有移动代理不包含前缀长度扩展，不允许一个特定子网上某些代理包含该扩展而其他代理不包含该扩展，否则，移动结点根据网络前缀长度进行移动检测时容易产生错误。

代理广播的 ICMP 路由器广播部分可以包含一个或多个路由器地址，为了避免其他的固定结点将代理作为路由器，频繁地通过该代理进行数据包转发而加大代理的负荷，外地代理可以降低自身 IP 地址的优先级，并在广播中包含另一个更高优先级的路由器地址，从而防止自己成为该子网中的默认路由器。不过，外地代理必须为已注册移动结点的数据包提供路由。

2. 移动结点

每一个移动结点必须能够正确识别代理广播消息，并能够发送代理请求消息。只有在没有接收到代理广播且无法通过数据链路层协议或其他方式确定转交地址时，才可以发送代理请求消息。移动结点的代理请求消息与为 ICMP 路由器请求的过程相似，但存在以下不同：

1）在 ICMP 路由器请求中要求结点发送路由器请求消息的频率不得超过 1 次 /（3s），且重复发送请求次数不得多于协议设定的门限值，而在移动 IP 中，因为考虑到结点的移动性和无线信道的特性，所以没有此限制。但为了减少因代理请求消息引起的过多开销，移动结点发送代理请求的频率也有所限制。[RFC 5944] 中规定，在代理搜索时，移动结点可以按最高频率（1 次 /s）发送最开始的 3 个代理请求，然后，必须降低发送请求的频率以减小本地链路的开销，即后续的代理请求采用二进制指数后退机制（Binary Exponential Backoff Mechanism），两个连续请求之间的时间间隔加倍，直到达到一个最大时间间隔值。这个最大时间间隔可以根据移动结点所连接的信道特性选择，一般小于 1min。

2）移动结点应该正确处理其收到的代理广播消息，主要是判定该广播是否为代理广播。由于 IP 报头的格式固定，影响报文长度的因素主要包括广播的地址数或其他扩展，因此若根据地址数与地址宽度推算出的报文总长度与 IP 报头中的总长度相等，即为

ICMP 广播消息，若大于则表明存在多余数据，移动结点可通过查看扩展的标识域来判断该多余数据是否为移动代理扩展。

2.2 注册

2.2.1 主要功能

移动 IP 的注册过程在代理发现之后，移动结点通过代理发现判断自己所处的当前位置，并获得一个转交地址。当移动结点位于外地网络时，需要向家乡代理注册该地址；当移动结点从外地网络回到家乡网络时，需要向家乡代理注销，即像固定结点一样通信，不再需要利用移动 IP 功能。注册的主要功能包括：

1）通过注册在外地网络中获得数据包转发服务，仅限于存在外地代理时。
2）通过注册告知家乡代理其当前转交地址，当移动结点同时注册多个转交地址，家乡代理将送往移动结点家乡地址的数据包通过隧道送往每个转交地址。
3）由于注册具有一定的时效性，通过注册能够使一个即将过期的注册重新生效。
4）当移动结点回到家乡网络中时需要进行注销。
5）如果移动结点未配置家乡代理地址，它可以通过注册动态地得到一个可能的家乡代理地址。

2.2.2 注册消息

移动 IP 的注册消息主要包括注册请求（Registration Request）消息和注册应答（Registration Reply）消息。与代理发现消息相似，注册消息也是由一个定长部分加上一个或多个变长的扩展部分构成。不同的是，代理发现消息采用的是 ICMP 扩展，而注册消息由 UDP[RFC 768] 数据段进行扩展。图 2-3 给出了这些协议间的关系。

图 2-3 用 UDP 传送注册消息

1. 注册请求消息

移动结点使用一条注册请求消息来向其家乡代理注册以使其家乡代理能够创建或修改移动结点的移动绑定信息。该请求可通过移动结点注册的外地代理中继到家乡代理，也可以由移动结点直接送到家乡代理。注册请求消息如图 2-4 所示，从图中可以看出，注册请求消息包括定长与可选扩展两部分，其中认证扩展部分为必选项。

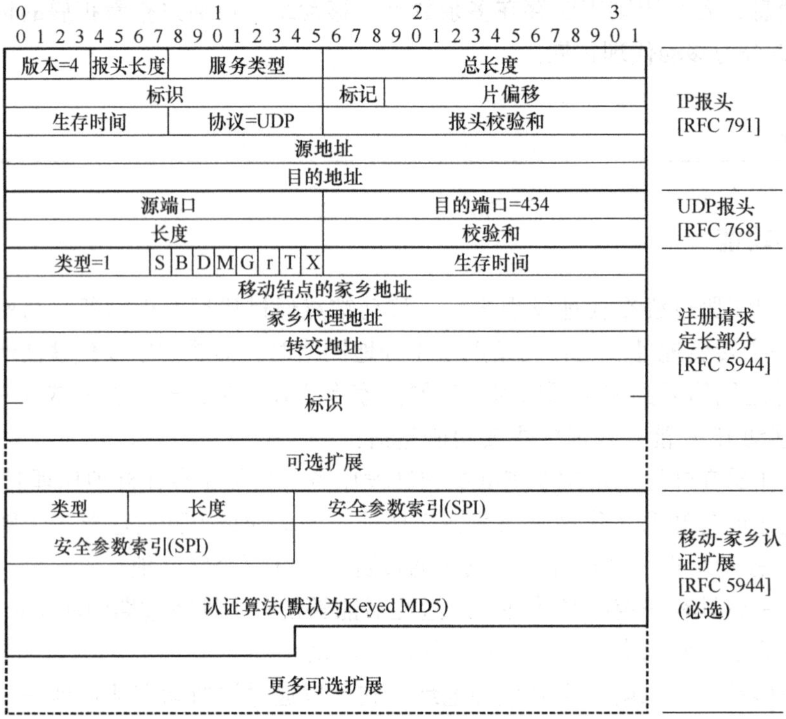

```
 0                   1                   2                   3
 0 1 2 3 4 5 6 7 8 9 0 1 2 3 4 5 6 7 8 9 0 1 2 3 4 5 6 7 8 9 0 1
```

版本=4	报头长度	服务类型	总长度	
标识		标记	片偏移	IP报头
生存时间	协议=UDP	报头校验和		[RFC 791]
源地址				
目的地址				
源端口		目的端口=434		UDP报头
长度		校验和		[RFC 768]
类型=1	S B D M G r T X	生存时间		
移动结点的家乡地址				
家乡代理地址				注册请求
转交地址				定长部分
标识				[RFC 5944]
可选扩展				
类型	长度	安全参数索引(SPI)		
安全参数索引(SPI)				移动-家乡认
认证算法(默认为Keyed MD5)				证扩展 [RFC 5944] (必选)
更多可选扩展				

图 2-4 注册请求消息

注册请求消息的各域如下：

（1）IP 报头

- 协议：该域表示携带数据所使用的协议类型，方便目的结点按照相应的协议格式来解析数据部分。由于注册消息是由 UDP 承载，因此，该域应设置为 17。
- 源地址：在注册过程中，源地址应为注册请求消息发送者的 IP 地址。
- 目的地址：在注册过程中，目的地址应为外地代理或家乡代理的地址。

（2）UDP 报头

- 源端口：该端口可由源结点依据业务自主填写。
- 目的端口：在注册过程中，该域设置为 434。

（3）注册请求定长部分

- 类型：设置为 1，表明是注册请求消息。
- S：与同时绑定功能相关。当该位置 1 时，表明移动结点要求家乡代理保留其以前的绑定信息，即当前注册不影响以前的绑定。否则，家乡代理将替换原有的信息。
- B：与接收广播数据包相关。当该位置 1 时，表明移动结点要求家乡代理把在家乡网络上收到的广播数据包通过隧道传送给它。否则，不需要转发。
- D：与数据包是否由移动结点拆封相关。当该位置 1 时，表明隧道的出口是移动结点本身，发送给移动结点的封装数据包将由它自己拆封，也就是说，移动结点所用的转交地址为配置转交地址。
- M：与封装类型有关。当该位置 1 时，表明移动结点要求家乡代理对进入隧道的数据包采用 IP 的最小封装（见 3.5.2 节）。

- G：与封装类型有关。当该位置 1 时，表明移动结点要求家乡代理对进入隧道的数据包采用 GRE 封装（见 3.5.3 节）。
- T：与是否要求建立反向隧道有关。当该位置 1 时，表明移动结点要求建立到家乡代理的反向隧道（见 3.6.1 节）。
- r、X：这两位为保留位，一般置 0。
- 生存时间：通常注册会限定相应的有效期，该域表示在注册过期之前剩下的时间（以 s 为单位）。特殊的是，当该域为 0 时，表示移动结点请求注销，当该域为 0xffff 时，表示无穷大。
- 移动结点的家乡地址：表示由家乡网络分配给移动结点的固定 IP 地址。
- 家乡代理地址：表示移动结点的家乡代理 IP 地址。
- 转交地址：表示移动结点在外地网络中获得的转交地址，可以是代理转交地址，也可以是配置转交地址。
- 标识：移动结点每进行一次注册，均要在标识域中填入一个唯一的 64 位的数值。该域主要有两个目的，一是能够使移动结点实现注册应答和注册请求之间的一一对应，便于移动结点确定每条注册请求消息的处理结果；二是防止恶意结点将移动结点的某条注册请求消息复制篡改之后，向家乡代理注册，截断移动结点的通信过程。利用标识域和移动 – 家乡认证扩展可以阻止重放攻击，具体的方法将在后续章节中详细分析。

（4）移动 – 家乡认证扩展

鉴于安全性，所有注册请求消息和注册应答消息中都必须包含移动 – 家乡认证扩展，该扩展位于所有与认证有关扩展的最后，其作用是验证注册请求消息或注册应答消息发送者的真实身份，防止拒绝服务攻击。其各域含义如下：

- 类型：设置为 32，表示这是一个移动 – 家乡认证扩展。
- 长度：包括报头与数据的所有字节数。
- 安全参数索引（Security Parameter Index，SPI），用于安全关联（Security Association，SA），详见第 5 章。
- 认证字：根据认证算法的不同，其长度可变。

（5）其他认证扩展

除必选的移动 – 家乡认证扩展外，移动结点可根据自身的需求在注册请求消息和注册应答消息中包含其他的扩展，例如 [RFC 5944] 定义的移动 – 外地认证扩展以及外地 – 家乡认证扩展，这两个扩展与移动 – 家乡认证扩展基本相同，除了其类型域分别设置为 33 和 34。当移动结点和外地代理之间或外地代理和家乡代理之间存在安全协定时，这两个扩展可分别用于它们双方身份的认证，其作用详见第 5 章。

2. 注册应答消息

注册应答消息与注册请求消息结构类似，只需将图 2-4 中的注册请求定长部分换成图 2-5 中的注册应答定长部分即可。

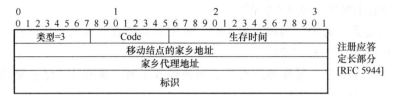

图 2-5 注册应答消息（定长部分）

注册应答消息定长部分各域如下：
- 类型：设置为 3，表示是注册应答消息。
- Code：表示注册请求的结果。常用的 Code 域定义见表 2-1。
- 生存时间：其具体含义与 Code 域相关。若 Code 域表示注册被接受，生存时间域则设置为注册到期前剩下的秒数，当生存时间为 0 时，表示移动结点已被注销，为 0xffff 时，表示无穷大。若 Code 域表示注册被拒绝，生存时间域没有意义。
- 移动结点的家乡地址：表示由家乡网络分配给移动结点的固定 IP 地址。
- 家乡代理地址：表示移动结点的家乡代理 IP 地址。
- 标识：其值直接从注册请求消息中复制，用于匹配注册请求消息和注册应答消息以及避免使用注册消息进行重放攻击。

表 2-1 注册应答消息常用 Code 域定义

注册成功	
Code	含义
0	注册被接受
1	注册被接受，但不支持多重移动绑定
注册被外地代理拒绝	
Code	含义
66	资源不足
67	移动结点认证失败
68	家乡代理认证失败
69	请求的生存时间太长
70	请求格式不对
71	应答格式不对
72	请求的封装方法不可用
73	保留和不可用
80	家乡网络无法到达（收到 ICMP 错误）
81	家乡代理主机不可达（收到 ICMP 错误）
82	家乡代理端口不可达（收到 ICMP 错误）
88	家乡代理不可达（收到其他 ICMP 错误）

（续）

注册被家乡代理拒绝	
Code	含义
130	资源不足
131	移动结点认证失败
132	外地代理认证失败
133	注册中的认证不匹配
134	请求格式不对
135	多重绑定数太多
136	家乡代理地址不可知

2.2.3 注册过程

1. 注册过程类型

移动 IP 定义了多种不同的注册过程，主要包括通过外地代理注册、直接向家乡代理注册以及注销。

（1）通过外地代理注册

如果移动结点使用外地代理转交地址，则必须通过提供该转交地址的外地代理进行注册。在该注册过程中，外地代理将对发送给移动结点的封装数据包进行拆封转发等处理，需要给每一个用它作外地代理的移动结点分配一定的资源，因此，外地代理转交地址必须通过该外地代理进行注册。

如果移动结点使用配置转交地址，但该转交地址对应网络中外地代理发送的代理广播消息中 R（要求注册）位置 1，那么移动结点必须通过外地代理进行注册。这主要是因为服务提供商通常只为通过身份认证的移动结点提供服务，从而要求移动结点通过外地代理进行注册，而注册的过程同时完成了身份认证。此时，即使移动结点采用配置转交地址，也必须通过外地代理进行注册。

（2）直接向家乡代理注册

除了上述情况外，当移动结点使用配置转交地址时，一般可直接向其家乡代理注册。

（3）注销

当移动结点从外地网络返回到其家乡网络时，应直接向其家乡代理注销。

注册过程采用 2.2.2 节定义的注册请求消息和注册应答消息完成。当移动结点通过外地代理注册时，注册过程如图 2-6 所示，从图中可以看出，至少需要 4 条消息完成。

- 移动结点向外地代理发送注册请求消息，注册过程开始。
- 外地代理对注册请求消息进行处理，并把它中继到家乡代理。
- 家乡代理发送一个注册应答消息给外地代理，表明自己接受或拒绝该请求。
- 外地代理对注册应答消息进行处理，然后把它中继给移动结点，以告知移动结点注册请求的处理结果。

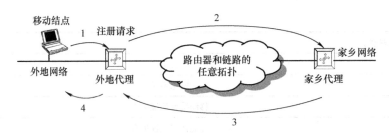

图 2-6　移动结点通过外地代理进行注册

当移动结点直接向家乡代理注册时，注册过程如图 2-7 所示，仅需两条消息。
- 移动结点向家乡代理发送注册请求消息。
- 家乡代理给移动结点发送注册应答消息，同意或拒绝该请求。

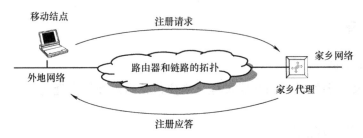

图 2-7　移动结点直接向家乡代理注册

当移动结点从外地网络回到家乡网络后，需要向家乡代理注销，其过程如图 2-8 所示，同样需要两条消息，其消息与一般的注册请求消息与注册应答消息一致，区别只在于生存时间为 0。
- 移动结点向家乡代理发送注销请求消息。
- 家乡代理给移动结点发送注销应答消息，同意或拒绝该请求。

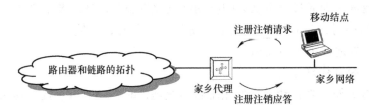

图 2-8　移动结点回到家乡网络中注销

2. 启动注册过程

移动结点通过发送注册请求消息启动注册过程，当移动结点直接向家乡代理注册或注销时，家乡代理需要发送注册应答消息，以通知移动结点其请求是否通过。当通过外地代理注册时，增加了外地代理对注册请求消息与注册应答消息的处理过程。

（1）移动结点发送注册请求消息

移动结点根据代理发现过程中得到的信息，按需选择一种注册类型，并产生相应的注册请求消息。表 2-2 给出了不同注册类型中注册请求消息各个域的取值，标识域将在后续章节中详细讨论。由于注册消息最终被放在数据链路层帧中进行传送，如何确定数据链路层的目的地址对移动结点而言是一个较为棘手的问题。若移动结点在家乡网络，它可以利用地址解析协议（Address Resolution Protocol，ARP）来确定家乡代理的数据链路层地址。位于外地网络中的移动结点可以通过以下两种方法获得数据链路层的目的地址。

- 如果移动结点通过外地代理进行注册，这意味着必然已经收到代理广播消息，可以从接收到的代理广播消息中得到外地代理的数据链路层地址，将这个地址作为承载注册消息的数据链路层帧的数据链路层目的地址。
- 如果移动结点采用配置转交地址，可以通过发送ARP帧获得外地网络中默认路由器的数据链路层地址，需要注意的是ARP请求消息中采用的IP地址必须是移动结点的配置转交地址，而不能用家乡地址。

表2-2 注册请求消息各个域的取值

报头	域	移动结点用外地代理转交地址进行注册	移动结点通过外地代理用配置转交地址进行注册	移动结点用配置转交地址直接向家乡代理注册	移动结点回到家乡网络时进行注销
数据链路层报头	源地址	移动结点数据链路层地址			
	目的地址	从代理广播中复制		用转交地址通过ARP获得	用家乡地址通过ARP获得
IP报头	源地址	家乡地址		转交地址	家乡地址
	目的地址	外地代理		家乡代理	家乡代理
UDP报头	源端口号	可能取任何值			
	目的端口号	434			
注册请求定长部分	类型	1			
	S位	当这次注册不会影响现有绑定时取1，否则取0			0
	B位	当移动结点想在家乡网络中有一份广播复制时取1，否则取0			0
	D位	0	1		0
	M位	根据移动结点及外地代理对隧道和报头压缩的要求进行设置	根据移动结点的要求和对隧道、报头压缩的支持进行设置		0
	G位				0
	T位				0
	生存时间	从代理广播中复制		移动结点需要的任何值	0
	家乡地址	移动结点的IP家乡地址			
	转交地址	从代理广播中复制	通过DHCP或手工配置得到配置转交地址		移动结点的家乡地址
	标识	根据移动结点和家乡代理之间采用的防止重发攻击的方法而定			
扩展		要求有移动-家乡认证扩展			

当移动结点确定表2-2中各域的值后，即可生成注册请求消息并发送，同时等待接收注册应答消息。如果在规定的时间内没有收到注册应答消息（该时间由它的注册请求决定），则重发注册请求消息，直到收到一个应答消息。根据协议的设计原则，移动结点每两次重发之间的时间间隔要大于上次重发间隔，直到重发时间间隔达到预设最大值。

（2）外地代理处理注册请求

当移动结点通过外地代理进行注册时，代理请求消息将发送给外地代理。外地代理接收到注册请求消息后，首先对其进行有效性检查。如果其中任意一项检查失败，外地代理将向移动结点发送一条注册应答消息拒绝这次注册请求，注册应答的 Code 域给出了拒绝的原因。所产生的注册应答中 IP 报头和 UDP 报头的各域需要按照以下规则设置。

- IP 源地址：复制注册请求的 IP 目的地址。
- IP 目的地址：复制注册请求的 IP 源地址。
- UDP 源端口：设置为 434。
- UDP 目的端口：复制注册请求的 UDP 源端口。

外地代理拒绝注册的原因可能有以下几种：

- 移动结点在注册请求消息中包含了移动-外地认证扩展部分，而认证算法域却无效，即移动结点在当前外地代理上的认证没有成功。
- 移动结点请求的注册生存时间超过了外地代理所允许的最大值。
- 外地代理不支持移动结点所请求的隧道类型。
- 外地代理没有足够的资源来支持更多的移动结点。

经检查后，如果外地代理认为该注册请求消息有效，且资源足以支持该移动结点，则中继（Relay）该注册请求消息至移动结点的家乡代理处。在中继注册请求消息前，外地代理需要记录包括数据链路层源地址、IP 源地址、UDP 源端口号、家乡代理地址、标识域和请求的生存时间等信息，以便用于向移动结点最终发送注册应答消息，以及注册成功后为移动结点路由数据包。

特别需要注意的是，外地代理对于注册请求消息并非直接进行转发（即简单地将数据包从一个端口复制到另一个端口，只对 IP 报头做非常小的改动），而是需要将包含注册请求消息的数据包的 IP 报头和 UDP 报头完全剥去，再加上新的报头后才送给家乡代理。经外地代理中继的新注册请求的 IP 报头和 UDP 报头做如下改动。

- IP 源地址：外地代理的 IP 地址，注册请求消息将从外地代理发送至家乡代理。
- IP 目的地址：复制注册请求中的家乡代理地址。
- UDP 源端口：可变。
- UDP 目的端口：必须设置为 434。

另外，外地代理必须从接收到的注册请求消息中复制从固定部分开始直到移动-家乡扩展的各个域，而不能做任何修改，否则，家乡代理可能会出现认证失败。此外，如果外地代理与家乡代理共享移动安全联合，它必须附加外地-家乡的认证扩展。

（3）家乡代理处理注册请求

家乡代理收到注册请求消息后，也会进行一系列和外地代理相似的有效性检查。如果注册请求无效（大多数情况下是由于认证失败引起的），家乡代理会向移动结点（直接注册时）或外地代理（通过外地代理注册时）发送一条注册应答消息，其中的 Code 域注明失败原因。在此情况下，家乡代理不改变移动结点的绑定表项。

如果注册请求有效，那么家乡代理就将按表 2-3 中所示，根据转交地址、移动结点的家乡地址、生存时间和 S 位对移动结点的绑定表项进行更新。此后，家乡代理根据注册请求通过隧道向移动结点的转交地址传送数据包，或者应移动结点的要求关闭所有隧道。同时，家乡代理还将发送免费 ARP 或代理 ARP 消息，吸引并截获发送给移动结点的数据包，并且在自己的路由表中为该移动结点增加/修改相关的特定主机路由表项，具体情况在第 3 章详细分析。

表 2-3 家乡代理对绑定的更新

注册请求消息的域			结果
转交地址	生存时间	S 位	
不等于家乡地址的任何地址	>0	0	用这个转交地址的绑定代替先前的所有绑定（如果存在的话）
不等于家乡地址的所有地址	>0	1	为这个转交地址产生一条新的绑定，已有的绑定不变
	0	1	删除这个转交地址的绑定，其他的绑定不变
移动结点的家乡地址	0	任何值	删除该结点的所有绑定
	>0	任何值	呼叫移动结点的生产厂家，因为该结点出现故障

最后，家乡代理向该注册请求消息的发送者（移动结点或外地代理）发送注册应答消息，告知注册成功。注册应答消息中的 IP 源地址、IP 目的地址、UDP 源和 UDP 目的端口参照注册请求消息中的相应域，将源消息和目的消息互换即可。

（4）外地代理处理注册应答

如果移动结点是通过外地代理向家乡代理进行注册，那么家乡代理的注册应答消息也必须经过外地代理中继给移动结点。当外地代理接收到注册应答消息后，先对消息进行有效性检查。如果注册应答消息无效，外地代理将产生一条包含适当 Code 域的注册应答消息，发送给移动结点。需要说明的是，该域是由外地代理给出的，与家乡代理发送的注册应答消息中的 Code 域无关，也不要求一致。若直接复制有可能使得移动结点引起误解或出错。例如，当外地代理接收到一条格式有错或包含未定义的扩展部分的注册应答消息时，移动结点最终接收到的注册应答消息中的 Code 域应能反映这些问题。如果外地代理只是简单地改变 Code 域，那么将导致移动 – 家乡认证扩展中的认证算法域无效，因此外地代理必须产生一条新的注册应答消息，并设置恰当的 Code 域值，从而保证认证域的有效性。此时，即使家乡代理同意移动结点的注册请求，若不符合外地代理的相应条件，外地代理也会认为是注册应答无效。无效的注册应答可能是因为消息格式不对，包含了未定义的扩展部分或在家乡代理到外地代理的认证过程中失败等引起的。

如果注册应答通过了有效性检查，外地代理就将它中继给移动结点。与处理注册请求消息时一样，外地代理不能修改注册应答消息中从定长部分到家乡 – 移动认证扩展的各个域，否则，移动结点与家乡代理之间会产生认证错误。另外，外地代理还需要删除注册应答消息中移动 – 家乡认证扩展之后的所有扩展。当外地代理与移动结点共享移动安全联合时，还必须增加移动 – 外地认证扩展。

将有效的注册应答中继给移动结点后，外地代理必须对其访问者列表中有关该移动结点的表项进行更新。如果家乡代理接受注册请求，外地代理将该注册的有效期设置为注册应答消息中的有效期，以保证移动结点获得注册的生存时间；如果家乡代理拒绝该注册请求，那么外地代理则从访问者列表中删除有关本次注册的表项。同时，外地代理还需要修改自身的路由表项，新建/修改有关该移动结点的特定主机路由表项，具体方法见第 3 章数据包路由部分。后续外地代理将对通过隧道发往移动结点的数据包进行拆封，并为移动结点发出的数据包充当默认路由器。

（5）移动结点处理注册应答

移动结点收到的注册应答通常分为 3 类，即注册请求被接受、注册请求被外地代理拒绝或注册请求被家乡代理拒绝。在接收到注册应答消息后，移动结点首先对应答消息进行有效性检查。如果应答消息有效，那么移动结点将依据 Code 域进行相应的处理。如果 Code 域表示注册请求被拒绝，移动结点必须设法修正引起拒绝的错误，并重新发送注册请求。常见移动结点可进行修正的拒绝原因有：注册请求消息中的生存时间过大（大于外地代理所允许的最大长度）、标识域无效（代理认为标识域的值不正确）或家乡代理地址不明确（注册请求消息中的家乡地址域采用家乡网络中的广播地址）。如果 Code 域表示注册请求已被接受，那么移动结点只需要调整其路由表即可，并中止重发注册请求消息。

2.2.4 其他问题

1. 频繁切换网络时的注册方法

在蜂窝移动通信系统中，考虑到地形地貌对电波传播的影响，为实现服务的无缝覆盖，各小区之间相互重叠。当用户位于小区边缘时，如图 2-9 所示，有可能会同时收到相邻两个基站的广播信息。由于移动通信信道的时变衰落特性，若每个蜂窝小区都有自己唯一的网络前缀，移动结点即使在静止不动时，也会出现频繁切换网络的现象。依据正常注册机制，移动结点在每次切换网络时均要进行注册，但此时的注册并非必要，频繁的注册信息交互对于带宽受限的无线信道来说，将造成较大的系统开销，必须采用特殊的机制减少此类注册消息。其解决方法有两个：一种利用移动 IP 与数据链路层的联合机制，共同支持结点移动性；另一种利用移动 IP 提供的多重绑定能力。

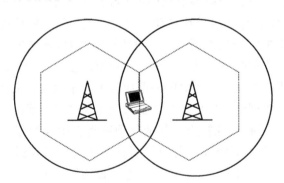

图 2-9　处于两个蜂窝边界上的移动结点

（1）移动 IP 与数据链路层的联合机制

在数据链路层解决方案中，将无线网络划分成一些子网，每个子网包含多个无线蜂窝小区。若移动结点切换的两个蜂窝小区属于同一个子网，不需要重新进行注册，因为此时蜂窝小区的切换并没有导致网络前缀的变化。只有在不属于同一个子网的蜂窝小区间切换时，移动结点才需要重新进行注册。这种解决方案的本质是采用数据链路层机制完成属于同一个子网的蜂窝小区之间的切换，而移动 IP 为属于不同子网的蜂窝小区之间提供移动功能。

（2）多重绑定

移动结点可以通过将注册请求消息中的 S 位置 1，请求家乡代理为某一转交地址新生成一个绑定，而保持当前其他绑定不变。这样当家乡代理截获发往移动结点家乡地址的数据包时，可以为移动代理注册的每一个转交地址生成一份数据包的拷贝，并通过隧道送往各个绑定的转交地址。例如，图 2-9 中的移动结点采用多重绑定机制后，家乡代理就会有两个有关该移动结点的绑定。当移动结点在两个蜂窝小区之间频繁切换时，两个转交地址均能够收到发送给移动结点的数据包。需要注意的是，移动 IP 的多重绑定虽然能够抑制频繁切换带来的不必要注册，但是多重绑定机制对于家乡代理而言是可选的。不支持多重绑定的家乡代理并不会直接拒绝该注册请求，而是会回答一个 Code 域为 1 的注册应答消息，通知移动结点注册已被接受，但因为家乡代理不能支持多重绑定，因此该移动结点已有的绑定将被删除。

因此，在实际的移动通信系统中，大多数覆盖区域互相重叠的无线系统通常采用数据链路层与移动 IP 联合的方法来解决频繁切换问题，即多个蜂窝小区组成一个网络层（IP 层）的子网，拥有相同的网络前缀，移动结点采用数据链路层的机制来保证在同一个子网的不同蜂窝之间移动时不中断通信连接。

2. 动态获得家乡代理地址

为支持结点移动性，在进行移动 IP 注册过程时，移动结点一般需要已知家乡代理地址、家乡地址前缀、DNS 服务器地址等基本信息。同时，移动 IP 也设计了当移动结点未知家乡代理地址时，动态获取该地址的机制，使得处于外地网络中且不知道家乡代理地址的移动结点同样可以完成注册。当移动结点通过外地代理注册时，动态获取家乡代理地址的过程如下。

第一步，移动结点将家乡地址的主机部分全部置 1，形成家乡网络中的广播 IP 地址，并将该地址放入注册请求消息的家乡代理地址域中。

第二步，若外地代理同意该注册请求，则将该注册请求消息中继至移动结点的家乡网络中，注意此时目的地址为广播地址，而不是家乡代理的某个地址，如图 2-10 所示。

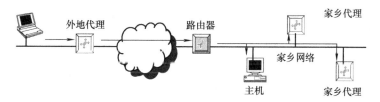

图 2-10 在家乡网络广播注册请求

第三步，注册请求消息作为广播消息在家乡网络中发送，家乡网络中的所有结点（包括所有的家乡代理）都将收到该消息。收到消息的家乡代理如果愿意为该移动结点提供相应的数据服务时，将产生一条特殊的注册应答拒绝这次请求。此时注册应答中的 Code 域设置为 136（表明家乡代理地址不明，被家乡代理拒绝），并将自身的 IP 地址写入家乡代理地址域中以替换原有注册请求消息中的广播地址，如图 2-11 所示。

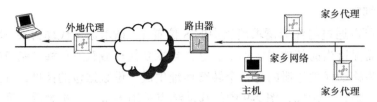

图 2-11　家乡代理回复注册应答

第四步，注册应答消息经过外地代理中继至移动结点处。移动结点收集所有表示拒绝的且 Code 域为 136 的注册应答消息，并从家乡代理地址域中，读出那些愿意为其作为家乡代理的 IP 地址。若存在多个代理愿意为移动结点服务，移动结点可依据自身需求，选择其中的一个重新进行注册，如图 2-12 所示。

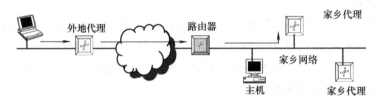

图 2-12　移动结点向选中的家乡代理注册

思考题与习题

1. 请简述代理发现的功能。

2. 请分析移动性检测的措施。

3. 某网络结构图如图 2-13 所示。当主机 4 由以太网 B 移动到以太网 A 时，假设路由器 B 是该移动结点的家乡代理，路由器 A 是其外地代理。

1）请分析主机 4 在以太网 A 中收到的代理广播消息，并填写代理广播消息中的 IP 报头生存时间、源地址、目的地址以及 ICMP 报头中的生存时间（假设代理广播的发送周期为 10s）。

2）请分析主机 4 基于代理广播消息判定网络切换的流程。

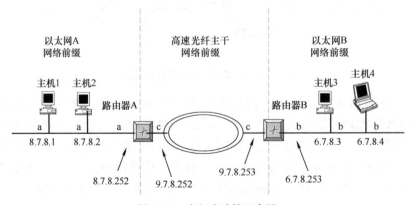

图 2-13　主机移动性示意图

第 3 章

数据包选路

移动结点通过代理发现与注册，判断当前所处位置，若处于外地网络则获得相应的转交地址，并将其转交地址向家乡代理广播，以获得家乡代理的数据包选路服务。数据包选路的主要功能是根据移动结点的当前位置进行数据转发，然而数据包的选路策略与移动结点的当前位置、数据包类型、移动结点采用的转交地址类型以及路由器服务支持类型等因素有关。

本章主要介绍了不同场景下数据包选路的不同机制，以及与数据包选路相关的隧道技术，并简述了移动 IPv4 存在的局限性。

3.1 在家乡网络中收发数据包

当移动结点位于家乡网络时，采用现有因特网中的普通网络前缀路由技术，就可以将发送给移动结点家乡地址的数据包送到家乡网络中，无须特殊的机制来转发。因此，向位于家乡网络中的移动结点发送数据包所用的路由技术与向普通 IP 主机或路由器发送数据包的规则相同。

同时，连接在家乡网络中的移动结点发出的数据包也不需要专门的选路机制。与任何固定主机或路由器一样，移动结点根据其路由表为它发出的数据包选择一个合适的下一跳地址。同样，当移动结点连接在家乡网络中时，路由表表项的生成也与一般固定结点一样，可以用手工配置、DHCP 和点到点协议（PPP）的网际协议控制协议（IPCP）等方法，无须特殊的机制。当移动结点从外地网络返回家乡网络时，需要注意家乡网络拓扑结构是否发生了变化，如原有家乡网络中的默认路由器是否由新的默认路由器替代，若发生了更改，则需要相应地改变"家乡路由表表项"。

3.2 在外地网络中收发单播数据包

3.2.1 接收单播数据包

当移动结点位于外地网络中时,其发送与接收数据包的机制与数据包类型密切相关,其中单播数据包最为简单。当有其他结点需要向处于外地网络的移动结点发送数据包时,由于其他结点并不知道移动结点的当前转交地址,因此其单播数据包中源地址仍为移动结点的家乡地址。在家乡网络中,知道移动结点转交地址的只有移动结点的家乡代理,也只有家乡代理能够将发送给移动结点的单播数据包转发至移动结点的当前位置。为了防止家乡网络中的其他路由器接收到发送给移动结点的单播数据包,家乡代理必须具备截获发送给移动结点单播数据包的能力。

1. 家乡代理截获发送给移动结点的单播数据包

家乡代理可以通过两种方法截获送往已注册的移动结点家乡地址的单播数据包。第一种方法适用于家乡代理是多端口路由器的情况,用于截获来自非家乡网络主机或路由器发给移动结点的单播数据包。家乡代理广播对移动结点家乡地址的可达性,其他网络中路由器或主机要发送单播数据包给移动结点,家乡代理将必然会成为路径上的下一跳地址,从而截获发送给移动结点的单播数据包。另一种方法是家乡代理采用免费 ARP 和代理 ARP,适用于截获来自家乡网络中主机或路由器发给移动结点的单播数据包。当一台位于移动结点家乡网络中的主机想向移动结点发送单播数据包而又不知道它的数据链路层地址时,那么该主机通过广播一条 ARP 请求消息以获得移动结点的数据链路层地址。如果移动结点当前位于家乡网络,那么它将回应一条 ARP 应答以告知对方自己的数据链路层地址。如果移动结点当前正位于外地网络,则它将不可能收到这条 ARP 请求。此时由移动结点的家乡代理采用代理 ARP 机制,发送一条 ARP 应答,即用家乡代理的数据链路层地址对移动结点的 IP 家乡地址做出应答。代理 ARP 使得移动结点不在家乡网络中时,所有发送给移动结点家乡地址的单播数据包均送给家乡代理。因此,代理 ARP 是家乡代理用来截获送往移动结点家乡地址单播数据包的第二种方法。

然而,考虑到移动结点曾经在家乡网络中发送过 ARP 应答,广播其数据链路层地址,家乡网络中的一些结点可能仍在它们的 ARP 缓存中保存了这个地址。因此,当移动结点从家乡网络切换到外地网络,并第一次向家乡代理注册成功后,家乡代理必须为该移动结点发送一些免费 ARP,以更新其他结点的 ARP 缓存。和代理 ARP 一样,免费 ARP 也是以家乡代理的数据链路层地址与移动结点的 IP 家乡地址对应。

同样,当移动结点回到家乡网络时,必须重新对别的结点上的 ARP 缓存进行更新,用移动结点的数据链路层地址对应它的 IP 家乡地址(而不是用家乡代理的数据链路层地址)。这种更新可以通过移动结点回到家乡网络中后发送一条免费 ARP 消息来实现。当移动结点向家乡代理注销的同时,家乡代理必须停止为该移动结点发送代理 ARP,并允许移动结点对发送给自己的 ARP 请求做出应答。当家乡代理通过广播对移动结点家乡地址的可达性、免费 ARP 和代理 ARP 等手段,截获发往移动结点家乡地址的单播数据包后,还必须对路由表进行修改，确保移动结点到达外地网络后仍然能够正常收发数据包。

2. 基于虚拟端口的路由表合成

当家乡代理截获发往移动结点家乡地址的数据包后，需要采用隧道技术将原始（内层的）数据包封装之后，转发至移动结点的转交地址。为了将隧道合成进路由表，于是定义了虚拟端口。在 IP 路由表中通常包含 4 个域：目的地址、前缀长度、下一跳地址以及端口。端口域包含了一个指针，指向一组被称为设备驱动的软件。设备驱动向网络层屏蔽了网络接口的具体硬件特性以及底层协议。端口常被称为"物理端口"，因为设备驱动将调用某个硬件在某物理媒介上发送比特流。与物理端口不同，虚拟端口是一组软件，它并不向物理媒介发送比特流，其功能是进行隧道封装或拆封。结合图 3-1 给出的网络拓扑结构对单播数据包选路进行分析。从图中可以看出，移动结点的家乡地址（MN）为 7.7.7.1，家乡代理（HA）地址为 7.7.7.253，获得的外地代理（FA）转交地址为 5.5.5.253，假定其通信对端向移动结点发送单播数据包，图 3-2 给出了家乡代理中一个可能的虚拟端口，表 3-1 给出了与图 3-1 家乡代理对应的路由表。

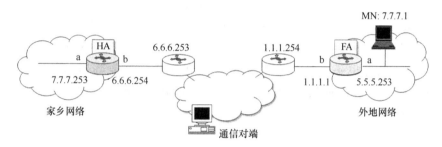

图 3-1 移动结点处于外地网络的示意图

表 3-1 家乡代理的路由表

目的地址 / 前缀长度	下一跳地址	端口
7.7.7.0/24	直连	a
默认 /0	6.6.6.253	b
7.7.7.1/32（家乡地址）	5.5.5.253（转交地址）	α

通信对端发送的单播数据包的目的地址为移动结点家乡地址（7.7.7.1），到达家乡代理后，从图 3-2 中可以看出，数据包通过物理端口 b 到达，并被交送 IP 路由软件处理。路由软件必须依据路由表（表 3-1）做出转发决策，依据最长匹配原则，确定表 3-1 中的最后一条表项（到移动结点家乡地址的特定主机路由）为"最佳"路由，其端口为虚拟端口，IP 路由软件激活虚拟端口 α。

当虚拟端口 α 被激活后，它将原始 IP 数据包封装在新的 IP 数据包内，封装的详细机制在本章后续章节具体分析。新数据包的源地址为家乡代理，目的地址为移动结点的转交地址（5.5.5.253）。当虚拟端口完成封装后，形成一个新的 IP 数据包。和其他 IP 数据包一样，该数据包被发送给 IP 路由软件以选择下一跳地址和输出端口，即虚拟端口重新激活 IP 路由软件。

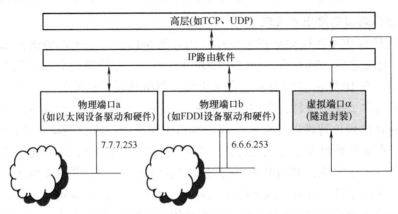

图 3-2 家乡代理的虚拟端口封装示意图

经过封装的 IP 数据包送给 IP 路由软件时，其目的地址为移动结点的转交地址（5.5.5.253），路由表中对它的唯一一个匹配项是表 3-1 中的第二条表项，下一跳地址是通过端口 b（物理端口）的 6.6.6.253。因此，IP 路由软件将封装后的 IP 数据包从端口 b 处转发出去。由于封装后的 IP 数据包目的地址为移动结点的转交地址（5.5.5.253），该地址也是外地代理的地址，因此外地代理收到 IP 数据包需要拆封之后转发给移动结点。在外地代理处，仍然需要虚拟端口完成 IP 数据包的封装与拆封功能，如图 3-3 所示。

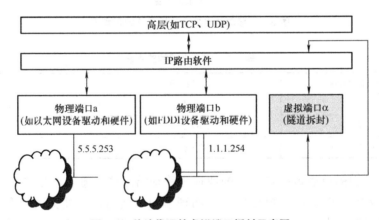

图 3-3 外地代理的虚拟端口拆封示意图

当 IP 数据包经过隧道到达外地代理的物理端口 b 时，首先被交送给 IP 路由软件。IP 路由软件检查（外层）IP 数据包的目的地址，发现是外地代理的地址，于是 IP 路由软件将 IP 数据包（包括报头和净荷）交给"高层"处理。假定家乡代理采用了 IP 的 IP 封装，"高层"读取 IP 报头中的协议域值发现此数据包采用了封装机制，则激活虚拟端口，由其负责数据包的拆封。虚拟端口软件剥去封装的（外层的）IP 报头，并将净荷，也就是被封装的（内层的）IP 数据包，重新交送给 IP 路由软件处理。IP 路由软件发现（内层）IP 数据包的目的地址（移动结点的家乡地址 7.7.7.1）与自己的 IP 地址（5.5.5.253）并不匹配，必须查找路由表以确定该数据包的转发端口和下一跳地址。

从表 3-2 中可以看出，与目的地址 7.7.7.1 匹配的路由表表项为表 3-2 中的第三行，这条路由表表项表明可以通过端口 a 直接将数据包送至移动结点处。因此，外地代理将数据包交给以太网设备的驱动软件，即可完成移动结点数据包的转送。处于外地网络中的移动结点接收单播数据包的过程总结为：

• 家乡代理截获发往移动结点家乡地址的数据包。对于那些非家乡网络的结点，在家乡网络中的路由器（家乡代理）通过广播对移动结点家乡地址网络前络的可达性测试后，实现数据包的截获。对于家乡网络的结点，家乡代理通过免费 ARP 和代理 ARP 实现数据包的截获。

• 家乡代理对截获后的数据包，激活虚拟端口 α，完成数据包的封装，并将封装后的数据包转发出去，封装后的数据包经过的路径为隧道。

• 在隧道出口处，原始数据包被取出拆封后，转发至移动结点处。隧道出口的位置与移动结点采用的转交地址类型有关，若采用外地代理转交地址，则隧道出口为外地代理；若采用配置转交地址，则隧道出口为移动结点。

表 3-2 外地代理的路由表

目的地址 / 前缀长度	下一跳地址	端口
5.5.5.0/24	直连	a
默认 /0	1.1.1.254	b
7.7.7.1/32	直连	a

图 3-4 中给出了采用外地代理转交地址和配置转交地址两种情况下，通信对端给外地网络中的移动结点发送单播数据包的路由。无论是哪种情况，数据包都必须先发送到家乡网络中，由家乡代理接收并截获发送给移动结点的数据包，根据移动结点注册时生成的绑定地址，将数据包通过隧道送往转交地址。当采用外地代理转交地址时，外地代理接收到来自隧道的数据包后，将数据包的封装剥去，恢复出原始数据包，发现原始数据包的 IP 目的地址是向它注册过的移动结点，通过查找路由表，寻找一个合适的端口将数据包送给该移动结点。当采用配置转交地址时，移动结点接收到来自隧道的数据包后，剥去封装恢复出原始数据包，最后将数据包的内容送给协议栈的高层协议处理。

为完成隧道功能，要求所有家乡代理和外地代理实现 [RFC 2003] 定义的 IP 的 IP 封装。另外，可选实现 [RFC 2004] 定义的 IP 的最小封装以及 [RFC 1701] 中定义的通用路由封装。采用配置转交地址的移动结点同样也必须实现这些与隧道有关的技术。

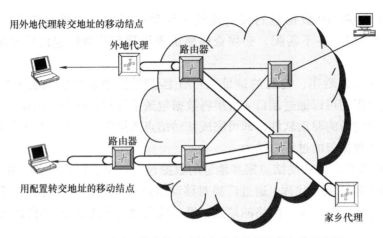

图 3-4　处于外地网络中的移动结点接收单播数据包的示意图

3.2.2　发送单播数据包

当移动结点位于外地网络需要发送单播数据包时，最主要的问题是找到能够将数据包转发出去的路由器。下面根据移动结点采用转交地址的类型，分两种情况分析移动结点选择路由器的机制。

1. 外地代理转交地址

当移动结点采用外地代理转交地址，并通过外地代理向家乡代理注册时，最稳妥的方法是选择外地代理作为其默认路由器。移动 IP 要求当移动结点需要时，外地代理能提供路由功能，这意味着所有外地代理都必须能够作为一台路由器为移动结点产生的数据包提供路由服务。当然移动结点也可选择在任何代理广播或路由器广播消息中，ICMP 路由器广播 [RFC 1256] 部分的路由器地址域中出现的任何路由器。但是由于移动结点不允许在外地网络中发送包含它家乡地址的 ARP 请求，这种方法只在移动结点能够确定所选路由器的数据链路层地址的前提下有效。选定路由器之后，移动结点产生的所有数据包（包括注册消息）都将通过该路由器发出，此时移动结点的路由表见表 3-3。需要注意的是，当移动结点由外地网络返回家乡网络，或由一个外地网络切换至另一个外地网络时，必须对路由表进行及时更新，以便能够迅速恢复通信。

表 3-3　移动结点连接在外地网络中时的路由表

目的地址 / 前缀长度	下一跳地址	端口
5.5.5.0/24（默认）	选择的路由器地址	移动结点连接外地链路的端口

2. 配置转交地址

当移动结点采用配置转交地址不通过外地代理，直接向家乡代理进行注册时，它也有两种方法来选择路由器。

1）如果网络中有一台路由器发送了 ICMP 路由器广播消息（请注意，此时不是外地代理发送的代理广播消息），那么移动结点可以选择该广播消息中路由器地址域中列出的任何地址作为路由器的地址。移动结点从广播消息的地址列表中选择地址的过程与前一节中有外地代理时的情况一样。这里，即使移动结点能够收到外地代理广播消息，也不建议采用外地代理作为默认路由器，因为外地代理很可能会拒绝为没有通过自己注册的移动结点提供路由服务。

2）如果没有路由器发送广播消息，那么移动结点会依靠它得到配置转交地址的方法来得到路由器的地址。例如采用动态主机配置协议（Dynamic Host Configuration Protocol，DHCP），或者通过手工配置获得路由器的地址。但是移动结点选择那些不发送广播消息的路由器时，移动结点必须通过某种方法来得到路由器的数据链路层地址。移动结点可以使用配置转交地址作为 ARP 请求中发送方的协议地址域向路由器发送 ARP，等待路由器的 ARP 应答。

3.3 在外地网络中收发广播数据包

广播数据包（广播包）的接收者可以是本子网内的所有结点，也可以是多个网络中的所有结点，这与广播的类型有关。从定义来看，以 IPv4 为例，广播地址是那些主机部分全为二进制 1 的地址，其格式为网络前缀.11...11。这类广播数据包被称为特定前缀的广播，将被送往网络前缀匹配的所有结点。特别地，当网络前缀长度为 0 时，即地址全为二进制 1（255.255.255.255）时，被称之为特定链路的广播，只送给发送网络中的所有结点。特定前缀的广播在到达目的地址之前可能经过一台或多台路由器，而特定链路的广播不需要额外经过其他路由器。

3.3.1 接收广播数据包

当移动结点当前位于外地网络时，可以通过对注册请求消息中的相应位（B）进行合适的设置，来决定是否接收家乡网络中广播消息。当 B 位置 1，表明移动结点要求它的家乡代理转发所有广播数据包，包括特定网络前缀的广播和特定链路的广播。家乡代理通过隧道将广播消息传送给移动结点，发送的具体机制则与移动结点采用转交地址类型有关。

1. 配置转交地址

采用配置转交地址的移动结点必须将注册请求消息中的 D 位置 1，以通知它的家乡代理，数据包的拆封工作由移动结点自己完成。广播数据包的接收方式与单播数据包一致。

2. 外地代理转交地址

当移动结点采用外地代理转交地址时，广播数据包的接收方式与单播数据包有所区别。假设家乡代理还是简单地通过隧道将广播数据包发送给外地代理转交地址，外地代理将数据包拆封后，由于内层数据包的目的地址是广播地址，外地代理不知道应将它转发给哪一个移动结点。为解决这一问题，家乡代理必须采用嵌套封装（Nested Encapsulation）机制，先将广播数据包封装进第一层封装中，第一层封装的 IP 源地址为家乡代理的地址，IP 目的地址为移动结点的家乡地址。然后，家乡代理再为封装好的数据包加上第二层封装，第二层封装的 IP 源地址为家乡代理的地址，IP 目的地址为移动结点的转交地址。当经过两层封装的数据包到达转交地址时，外地代理剥开第一层封装后，获得一个源地址为家乡代理地址、目的地址为移动结点的家乡地址的单播数据包。外地代理在其路由表中，选择合适的链路将数据包发送给移动结点。需要注意的是，移动结点仍然需要对这个经过封装的广播数据包进行拆封。

3.3.2 发送广播数据包

移动结点如何发送广播数据包与它采用的转交地址类型无关，但与广播的类型有关。共有以下 3 种情况：

1）如果是送往移动结点当前所在外地网络的特定链路广播，那么移动结点只需要简单地采用数据链路层广播地址向网络中所有结点发送包含广播数据包的帧即可。

2）如果是送往移动结点家乡链路的特定链路广播，那么移动结点必须通过隧道先将这个广播数据包送给它的家乡代理。封装采用移动结点的家乡地址作为 IP 源地址，用家乡代理的地址作为 IP 目的地址。家乡代理从隧道中收到该数据包，拆封后在家乡网络中发送。这种由移动结点封装家乡代理拆封的隧道，称为反向隧道，将在 3.6.1 节中详细说明。

3）如果是其他特定网络前缀广播，那么移动结点有两种选择。①它仍然可以将广播数据包通过隧道送给家乡代理，由家乡代理代替它从家乡网络中发出。②它可以通过选定的外地路由器向外广播。然而，在实际网络中，一些路由器可能会对广播数据包进行过滤（见 3.6.1 节），最好的方法仍然是将广播数据包通过隧道发送给家乡代理。

3.4 在外地网络中收发组播数据包

组播数据包是发给所有参加组播组的结点，任何结点都可以向组播组发送数据包，只需要将数据包的目的地址设置为组播地址即可，不要求发送者必须是组播组的成员。组播地址格式一般为 1110. 组播组。以 IPv4 为例，组播地址也被称为 D 类地址，范围为 224.0.0.1 ~ 239.255.255.255。结点可以通过发送一条特殊的消息给组播路由器来加入一个组播组（即成为该组播组的成员），从而成为组播数据包的接收者。组播路由器是有能力对组播数据包提供路由的路由器。结点加入组播组的消息在互联网组管理协议（Internet Group Management Protocol，IGMP）中定义。结点发送一条 IGMP 主机成员身份报告（Host Membership Report）消息，表示它愿意加入组播组。IGMP 和 ICMP 一样，均是网络层的协议，被放于 IP 数据包的净荷部分传送。

与单播数据包和广播数据包不同的是，组播数据包需要同时根据 IP 目的地址（即组地址）和 IP 源地址（即发送者的地址）选定路由。也就是说，IP 源地址的网络前缀必须与 IP 组播数据包的发出点所在网络的网络前缀相同，这就意味着发送组播数据包的结点必须位于其家乡网络中。那移动结点处于外地网络时如何发送或接收组播数据包呢？

1. 在外地网络中的移动结点发送组播数据包

如上所述，在外地网络中的移动结点不能用它的家乡地址作为 IP 源地址在外地网络中直接发送组播数据包，否则，组播路由器不会将组播数据包转送给组播组成员。此时，移动结点有两种方法发送组播数据包。第一种方法，移动结点可以通过隧道将组播数据包发送给家乡代理，需要注意的是，这种方法要求移动结点的家乡代理必须是一台组播路由器，即家乡代理有能力转发组播数据包。第二种方法，移动结点可以采用配置转交地址作为组播数据包的 IP 源地址，这种方法要求外地网络中有一个或多个组播路由器。更进一步地说，这种方法只在组播应用不以组播数据包的 IP 源地址作为发送者标识时才有效，因为移动结点的配置转交地址在结点移动时会改变。

2. 在外地网络中的移动结点接收组播数据包

连接在外地网络中的移动结点如果想接收组播数据包，可以有两种选择。

第一种选择，移动结点可以通过隧道向家乡代理发送 IGMP 数据包（假定它的家乡代理也是一台组播路由器），家乡代理将移动结点加入到组播树中。当有组播数据包需要移动结点接收时，家乡代理将组播数据包通过隧道送给移动结点，包的封装形式与移动结点采用外地代理转交地址还是配置转交地址有关，具体机制与 3.3.1 节接收广播数据包时一样。

第二种选择，移动结点直接在外地网络中发送 IGMP 主机成员身份报告消息，这里假设外地网络中至少有一台组播路由器。如果移动结点采用配置转交地址，那么它可以直接用该地址作为 IGMP 数据包的 IP 源地址，采用外地代理转交地址的移动结点则可以用它的家乡地址发送 IGMP 数据包。之所以允许移动结点采用家乡地址，是因为 IGMP 消息只是通知相邻组播路由器，网络中存在一个组播数据包接收者，而组播路由器一般不关心接收者的身份。

显然，移动结点通过外地网络中的组播路由器加入组播树，可能要比通过家乡代理加入更有效。特别是当有多个移动结点同时连接在相同的外地网络，且需要接收同一组播组的数据包时，采用第一种方法，家乡代理需要通过隧道向每个接收者发送组播数据包的拷贝，这将给外地网络带来许多不必要的传输流量。采用第二种方法，对每一个组播数据包，组播路由器只需在外地网络中发送一次。通过外地网络中的路由器加入组播组的移动结点在移动到新的外地网络时，如果还想作为该组播组的成员，必须重新启动一次加入过程。

3.5 隧道技术

数据包在处于封装状态时所经过的路径，被称为隧道。隧道技术是家乡代理向外地网络中的移动结点传送数据包所采用的封装技术。移动 IP 可以采用 3 种封装，即 IP 的 IP 封装、IP 的最小封装和通用路由封装。其中 IP 的 IP 封装是必选，要求所有家乡代理、外地代理和采用配置转交地址的移动结点都必须实现，而 IP 的最小封装和通用路由封装是可选的隧道方式。

3.5.1 IP 的 IP 封装

IP 的 IP 封装由 [RFC 2003] 定义，用于将整个 IPv4 数据包放在另一个 IPv4 数据包的净荷部分。移动 IP 要求家乡代理、外地代理和采用配置转交地址的移动结点必须支持 IP 的 IP 封装，以实现从家乡代理到转交地址的隧道技术。IP 的 IP 封装可以在任何情况下使用，无论 IP 数据包是否进行了分片，其产生的开销为 20B。

1. 生成封装的数据包

如图 3-5 所示，只需将原始 IP 数据包放在一个新 IP 数据包的净荷中，就可生成一个 IP 的 IP 封装数据包。

图 3-5 IP 的 IP 封装

新（外层）的 IP 数据包报头的各个域的设置如下：

• 版本（Version）：表明数据包采用的因特网协议版本，设置为 4，表明新生成的数据包是 IPv4 数据包。

• 报头长度（Internet Header Length，IHL）：设置为外层 IP 报头的长度。

• 总长度（Total Length）：整个封装后 IP 数据包的长度，包括外层 IP 报头、内层 IP 报头及其净载数据长度。

• 标识（Identification）、标记（Flag）、片偏移（Fragment Offset）：根据 [RFC 791] 进行设置。特别是标记域中的 DF（禁止分片标志）位需要与原始数据包中的 DF 位保持一致，这使得路径最大传输单元（Maximum Transmission Unit，MTU）寻找算法在隧道内也能正常工作。

• 生存时间（Time to Live，TTL）：外层 IP 报头的生存时间（TTL）域必须设置一个足够大的值，以使封装后的数据包能到达隧道出口。

• 协议类型域：设置为 4，表明净荷本身也是 IPv4 数据包（包括原始 IP 报头和净荷）。

• 报头校验和（Header Checksum）：外层 IP 报头的"Internet 头部校验和"。

• 源地址（Source Address）：封装方的 IP 地址，即隧道的入口点。

• 目的地址（Destination Address）：拆封方的 IP 地址，即隧道的出口点。

• 选项（Options）：内层 IP 报头中已有的选项通常不在外层 IP 报头中重复，但内层 IP 报头支持的安全选项可能影响到外层的报头。外层 IP 报头可能增加与隧道路径有关的新选项。

在封装数据包时，如果 IP 数据包是被转发过来的，比如通过某个物理端口进入隧道，那么隧道入口应将内层的 IP 报头的生存时间域减 1；否则，在封装的过程中内层生存时间域保持不变。如果减小后得到的内层 IP 报头生存时间域为 0，数据包将被丢弃并产生一个超时（Time Exceeded）的 ICMP 消息发送给数据包的源地址。相似地，在拆封时，如果内部封装的 IP 数据包还要进行转发，比如从隧道出口转发到某个物理端口，那么它的生存时间域也要减 1。数据包穿过采用 IP 的 IP 封装的隧道时，只有隧道入口与出口将内层原始数据包的生存时间域各减 1。对于原始数据包而言，隧道好像只是连接两台路由器（家乡代理和外地代理）的一条链路一样。

2. ICMP 报文的中继

ICMP[RFC 792] 定义了一个报文集，用来提供诊断和错误报告。ICMP 报文由主机或路由器产生，并送到该 IP 数据包的源结点，其目的是向数据包的源结点提供一些有用信息。

通过隧道的 IP 数据包相应 ICMP 报文只需送到隧道的入口，而无须送到原始数据包的源地址，因为封装后的数据包 IP 源地址为隧道入口地址。但是在很多情况下，若隧道内产生的 ICMP 报文能够送到内层数据包的源地址是很有必要的，因此 [RFC 2003] 定义了在隧道入口将 ICMP 报文中继给原始数据包源地址的方法。

（1）软状态（Soft State）

[RFC 792] 规定，当一个数据包出错时，它所引起的 ICMP 报文被送往该数据包的源地址，ICMP 报文包括 ICMP 报头、原数据包的 IP 报头和最少 8B 的净荷，以帮助源结点判断是哪一个数据包引起的错误。但是，从 IP 的 IP 封装中可以看出，当原始数据包经过封装后，8B 净荷无法包括内层数据包的源地址和目的地址，这样，隧道入口就无法确定封装在内层数据包的源地址。通过保持称为软状态的信息，隧道入口可以从隧道送来的 ICMP 报文中判断出内层数据包的源地址。软状态是一个变量的集合，它描述了隧道的当前特性，这些变量包括：

• 隧道的路径 MTU。
• 以"跳"计的隧道长度。
• 隧道的出口是否可达。

隧道入口根据接收到的、由隧道内路由器发出的 ICMP 报文修改它的软状态。例如，入口将封装后的数据包的 DF 位置 1，然后又收到了一个 ICMP 目标不可到达报文，其中的 Code 域指明需要分片但却被禁止了，那么，隧道入口就知道应减小路径 MTU。相似地，如果隧道入口收到了一条 ICMP 超时报文，其中的 Code 域指明传输过程中生存时间超时了，那么它就知道封装后的 IP 报头生存时间设置得过小，应该将生存时间增大。如果隧道入口收到的 ICMP 目标不可到达报文中的 Code 域指明"网络/主机/协议不可达（net/host/protocol Unreachable）"，那么入口就知道现在隧道出口不可达，原因可能是暂时性或永久性的路由故障。

（2）利用软状态将 ICMP 报文中继到原发送者

隧道入口保持软状态信息，在对数据包进行封装时，就可以根据软状态变量产生 ICMP 报文，并送往原始数据包的源结点，而不必等到隧道入口收到来自隧道内部的 ICMP 报文后再进行。例如，家乡代理收到一个需要通过隧道送往移动结点的转交地址的数据包后，它可以先检查数据包的总长度，确定是否超过了软状态指示的隧道路径 MTU。

如果是,并且该数据包的 DF 位为 1,家乡代理将马上产生一条 ICMP 目标不可到达消息,并在 Code 域中指明原因,然后将数据包丢弃。隧道入口可能产生的各种 ICMP 报文的规则,可以参考 [RFC 2003]。

3. 防止递归封装

路由环路可能使得隧道中的数据包在离开隧道前又重新进入了同一个隧道,每次封装都会加封一个 IP 报头,每个报头有自己的生存时间域,从而使数据包不断增大,并且不停地在网络中循环,这种现象被称为递归封装。与嵌套封装不同,嵌套封装中的数据包先经过第一条隧道然后经过第二条隧道,最终经过封装的数据包总会到达隧道出口,而递归封装中的数据包却永远无法到达隧道出口。GRE 和 IPv6 隧道技术都有专门的机制来防止递归封装,而 IPv4 隧道技术却没有类似的机制。IPv4 的隧道入口采用以下机制来判定一个数据包是否进行了递归封装。

1)如果要进行封装的数据包(可能已经被封装过)的 IP 源地址就是隧道入口的地址,那么可能存在递归封装。注意这个方法只适用于那些从外部网络接口进入隧道的数据包。这主要是区别可能出现的嵌套封装,例如,家乡代理必须采用嵌套封装才能将广播数据包送给采用外地代理转交地址的移动结点。这时,内层隧道是从家乡代理到移动结点的家乡地址,外层隧道是从家乡代理到移动结点的转交地址。如果对经过第一层(里面一层)封装的数据包采用上面的规则,那么就不可能产生经过第二层封装的数据包了,因为这两个数据包的 IP 源地址是同一个地址,即家乡代理的地址。

2)如果要进行封装的数据包(可能已经被封装过)的 IP 源地址与隧道入口处路由表指示的隧道出口地址相同,那么隧道入口就假设出现了递归封装。这种情况意味着一台路由器认为一个数据包应通过隧道发送到该数据包的源地址,这是不正确的。

3.5.2　IP 的最小封装

IP 的最小封装在 [RFC 2004] 中定义,它是移动 IP 中的一种可选隧道方式。IP 的最小封装通过去除 IP 的 IP 封装中内层 IP 报头和外层 IP 报头的冗余部分,达到减少实现隧道技术所需开销的目的。

1. 生成封装的数据包

采用 IP 的最小封装时,原始数据包要经过以下步骤设置:

1)在原来的 IP 净荷和 IP 报头之间加入最小转发报头(Minimal Forwarding Header),如图 3-6 所示。

2)对原来的 IP 报头做如下改动。

- 协议类型:设置为 55,表示新的净荷是经过 IP 的最小封装的数据包。
- 源地址和目的地址分别为隧道入口和出口的地址。
- 报头长度(IHL)、总长度及校验和由新的报头和净荷计算得到。
- 如果原始数据包从某个端口(如物理的)路由到了隧道入口,则原始数据包的生存时间域需要减 1;如果隧道入口就是原始数据包的源地址,那么不用减小生存时间。

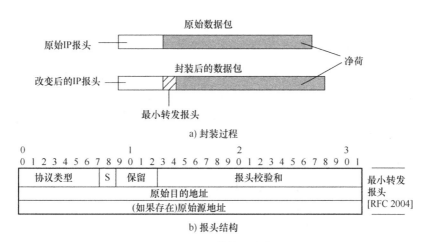

图 3-6 IP 的最小封装

3）最小转发报头按以下方法设置。
- 协议类型：直接从原始数据包的 IP 报头中复制。
- 如果隧道入口就是原始数据包的源地址，那么指示后面存在原始源地址域的 S 位置 0，否则置 1。
- 原始目的地址（Original Destination Address）：直接从原始数据包的 IP 目的地址中复制。
- 报头校验和（Header Checksum）：从最小转发报头中计算得到（在其他域的值都确定后）。
- 如果隧道入口不是原始数据包的源地址，那么原始源地址（Original Source Address）从原始 IP 数据包的 IP 源地址复制得到；否则，经过封装的数据包就不用包含这个域。

从图 3-6 中可以看出，最小转发报头的大小也就是采用 IP 的最小封装的隧道开销，可能是 8B 或 12B，取决于隧道入口是否是原始数据包的源地址。

2. 分片的情况

对经过 IP 的最小封装的数据包进行拆封，需要从最小转发报头中恢复出原始的 IP 报头。从图 3-6 中可以看出，最小转发报头中没有保存有关原始数据包分片的情况，因此，要想通过隧道传送已经分片的原始数据包，隧道入口只能采用 IP 的 IP 封装。也就是说，IP 的最小封装不能用于那些已经分片的原始数据包。相反，经过封装的数据包可以进行分片，以便穿过路径 MTU 较小的隧道，其分片信息可以由修改后的 IP 报头中得到。

3. 生存时间和隧道长度

IP 的 IP 封装对原始数据包来说，隧道看上去像一条虚拟链路，数据包的生存时间域只在进入隧道和离开隧道时才会减小。相反，从生存时间域的角度来看，最小封装使数据包经历了从隧道入口到出口的每一条链路。也就是说，在采用最小封装的隧道中，从隧道入口到出口的每一台路由器都会将原始数据包的生存时间域减小。因此，可能出现经过 IP 的最小封装的数据不能到达目的地，而采用 IP 的 IP 封装的数据包却可以经过该隧道到达目的地的情况。移动结点的实现者应认识到这一点，并在注册过程中决定是否要采用

IP 的最小封装。

4. 中继 ICMP 报文

将 ICMP 中继到原始发送者的过程在 IP 的最小封装和 IP 的 IP 封装中是一样的，IP 的最小封装的实现中仍然保留软状态，因为最小转发报头的大小（8B 或 12B）仍表明从隧道内部来的 ICMP 报文不会包含原始发送者的 IP 地址，除非在极端的情况下，即隧道入口就是数据包的源地址。

5. 防止递归封装

最小封装中防止递归封装的方法和 IP 的 IP 封装也是一样的。与 IP 的 IP 封装相比，IP 的最小封装节省了开销，但也带来了一些不利之处。

- 如果原始数据包已经分片，就不能采用 IP 的最小封装。
- 在隧道内的每一台路由器上，原始数据包的生存时间域都会被减小，这使得家乡代理采用 IP 的最小封装时，移动结点不可到达的概率增大。
- IP 的最小封装的数据包中可能不包含原始源地址域，从而不能保证隧道内的 ICMP 报文可以到达原始数据包的源地址，这样隧道入口只能仍然依靠软状态对报文进行中继，以到达原始数据包的源地址。

3.5.3 通用路由封装

通用路由封装（GRE）[RFC 1701] 是移动 IP 采用的最后一种隧道技术。IP 的 IP 封装和 IP 的最小封装只适用于 IP 数据包，而 GRE 封装还支持其他网络层协议，它允许将采用一种协议的数据包封装在另一种协议数据包的净荷中。

1. 多协议封装

当采用第一种协议的网络层数据包要被封装进采用第二种协议的网络层数据包时，GRE 将内层数据包称为净荷包（Payload Packet），外层数据包则称为转发包（Delivery Packet）。考虑有 P 个不同类型的净荷包、D 个不同协议的转发包的情况，一般来说，需要 D×P 个文档来定义如何将 P 个净荷包封装进 D 个转发包里。但是，在 GRE 中只需要 P+D 个文档，其中 P 个文档描述如何将 P 个净荷包封装进 GRE 中，D 个文档说明如何将 GRE 封装进 D 个转发包中。图 3-7 说明了 GRE 的封装过程，GRE 报头位于净荷包和转发包之间。如果不包含可选项，GRE 报头最少为 4B，各域定义如下：

- C 标志位（Checksum Present）：如果校验和存在，C 位置 1，说明 GRE 报头包含校验和域；否则置 0。
- R 标志位（Routing Present）：如果路由存在，R 位置 1，说明 GRE 报头中包含偏移和路由域；否则置 0。只要 C 标志位和 R 标志位任一位置 1，GRE 报头必须同时包含校验和及偏移域。
- K 标志位（Key Present）：如果密钥存在，K 位置 1，说明 GRE 报头中包含密钥域；否则置 0。
- S 标志位（Sequence Number Present）：如果序列号存在，S 位置 1，说明 GRE 报头中包含序列号域；否则置 0。

- s 标志位（Strict Source Route）：只有在所有的路由信息组成严格源路由时，该位才置1。
- 递归控制（Recursion Control）：允许再进行封装的次数。
- 标记（Flag）：预留字段，当前设置为0。
- 版本号（Version Number）：一般设置为0。
- 协议类型（Protocol Type）：净荷包的协议类型。

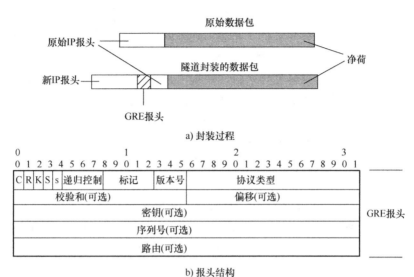

图 3-7 通用路由封装（GRE）

2. 防止递归封装

与 IP 的 IP 封装和 IP 的最小封装不同，GRE 提供了一种防止递归封装的特殊机制，在 GRE 报头中，通过递归控制域，记录允许封装的次数。数据包每进行一次封装，递归控制域将减 1；下一次封装前，首先需要检查递归控制域是否为零，如果已经为零，那么数据包不允许再进行封装，该数据包很可能将被丢弃。表 3-4 对移动 IP 常用的 3 种隧道技术在封装开销、防止递归封装机制、适用性等方面进行了对比。

表 3-4 3 种隧道技术比较

隧道技术	IP 的 IP 封装	IP 的最小封装	通用路由封装
实现要求	必选	可选	可选
最小封装开销	20B	12B 或 8B	24B
是否适用已分片 IP 数据包	是	否	是
防止递归封装机制	根据入口出口地址判断	根据入口出口地址判断	根据递归控制域判断
是否支持多协议封装	否	否	是
对内层报头生存时间域影响	最多减 2	与经过的路由器个数有关	最多减 2

3.6 数据包的过滤与路由

3.6.1 入口过滤与反向隧道

[RFC 5944] 中假设单播数据包选路只由 IP 目的地址决定，而与 IP 源地址无关，然而一些网络攻击方法正是针对这一假设开展。因特网架构委员会（Internet Architecture Board，IAB）建议因特网服务提供商对数据包依据源地址进行过滤，过滤掉那些可能来自"非法"地方的数据包。所谓来自"非法"地方的数据包，是指其源地址的网络前缀与其来源方向上所有网络的网络前缀都不匹配。这种类型的过滤被称为网络"入口过滤"，路由器设置入口过滤以后，将会丢弃来自"错误"地点的数据包。对移动结点最大的影响在于，当移动结点处于外地网络时，其不能以自己的家乡地址向外发送数据包。设置"入口过滤"的路由器会把以移动结点家乡地址为源地址的所有数据包全部丢弃，因为路由器认为该地址应该位于移动结点的家乡网络中。注意，入口过滤并不影响发往移动结点的数据包，因为隧道 IP 报头中的源地址（家乡代理地址）和目的地址（转交地址）在网络拓扑上都是正确的。

为了解决入口过滤的路由器问题，移动结点可以使用拓扑上正确的隧道，将数据包发回到自己的家乡代理，由家乡代理再转发给通信对端，这种由外地网络中的移动结点封装、家乡代理拆封的隧道，称为"反向隧道"。在 [RFC 3024]（移动 IP 中的反向隧道技术）中提供了建立从移动结点到外地代理和家乡代理的反向隧道的方法。

1. 代理发现扩展

外地代理周期性地发送代理广播，通过将移动代理广播扩展中的 T 位置 1 表明支持反向隧道。希望建立反向隧道的移动结点可以从 T 位置 1 的代理广播消息中发现适当的外地代理。

2. 注册扩展

通过将"注册请求"消息中的 T 位置 1，移动结点请求与家乡代理建立反向隧道。外地代理和家乡代理按照正常方式处理该注册请求。如果代理不支持反向隧道，它们会拒绝该注册，并在 Code 域中注明原因。反之，如果外地代理和家乡代理要求采用反向隧道，而移动结点却没有申请，那么外地代理或家乡代理也会拒绝该请求，并在 Code 域中注明原因。在外地代理隶属的服务提供商存在入口过滤的情况下，外地代理会要求移动结点使用反向隧道。

3. 存在反向隧道时的选路

如果移动结点通过注册请求建立了反向隧道，移动结点发出的数据包选路将会产生变化。使用配置转交地址的移动结点可以通过隧道将数据包送往家乡代理，封装数据包采用配置转交地址作为源地址、家乡代理地址作为目的地址。使用外地代理转交地址的移动结点发送数据包时有两种选择。一种是使用外地代理作为默认路由器。外地代理检查数据包的 IP 源地址，发现其来自申请反向隧道服务的移动结点。此时，外地代理将这些数据包使用隧道送往家乡代理。除此之外，移动结点还有另外一个选择，即使用所谓"隧道方式投递"(Tunneling Style of Delivery)。在这种方式中,移动结点将封装数据包送到外地代理,并建议外地代理先进行隧道拆封,然后再重新进行隧道封装送至家乡代理。反向隧道可以解决入口过滤给移动 IP 带来的问题,当移动结点注册时,可以申请反向隧道服务,将自己产生的数据包进行隧道封装后再送到家乡代理。隧道封装工作可以由外地代理完成,也可以由移动结点自己完成。隧道(外层)报头的 IP 源地址和目的地址在拓扑上都是正确的,所以不会被入口过滤机制丢弃掉。

3.6.2 三边路由

当移动结点在外地网络中时,由通信对端送给移动结点的数据包先被路由到家乡代理,然后经隧道送到移动结点的转交地址,而由移动结点发出的数据包却被直接路由到了通信对端,其路由构成了一个三角形,被称为三边路由,如图 3-8 所示。从时延和消耗资源方面来看,如果移动结点直接告知通信对端转交地址,通信对端就可以直接将数据包通过隧道送给移动结点,这种经过优化的路由效率显然比三边路由更高,而移动 IP 中不采用这种优化路由,其主要原因是安全问题。

如果通信对端直接通过隧道与移动结点通信,意味着通信对端必须知道移动结点当前的转交地址,这个问题与移动 IP 注册相似。移动 IP 注册的目的就是将移动结点当前的转交地址广播给家乡代理。如果移动结点将转交地址广播通信对端的消息缺乏有效的认证机制,那么就很容易受到拒绝服务攻击。在没有有效认证机制的情况下,一个"恶意结点"只需要发送一条伪造的注册消息给通信对端,就可以中断移动结点和通信对端之间的正常通信,然而对注册消息认证的前提条件是移动结点和家乡代理之间有安全协定。考虑到移动结点与家乡代理之间的对应关系相对固定,因此为每个移动结点和它的家乡代理配置一对密钥是可行的,但为移动结点和它的每一个通信对端都分配一对密钥是不现实的。

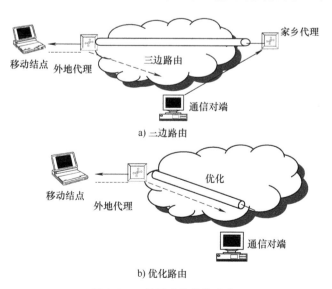

图 3-8 三边路由和优化路由

思考题与习题

1. 依据图 3-9 给出的网络拓扑结构示意图,假设移动结点的家乡地址为 4.4.4.1,家乡代理地址为 4.4.4.253,通信对端的 IP 地址为 2.0.0.1,移动结点采用外地代理转交地址与通信对端进行通信,外地代理地址为 2.2.2.253,请写出家乡代理与外地代理的路由表。

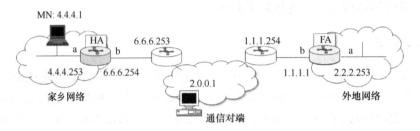

图 3-9 网络拓扑结构示意图

2. 假设移动结点的家乡地址为 1.0.0.2,家乡代理地址为 1.0.0.1,通信对端的 IP 地址为 4.0.0.1,请写出以下两种情况下,单播数据包的选路流程。

1)当移动结点使用外地代理转交地址,外地代理的 IP 地址为 3.0.0.1。

2)移动结点使用配置转交地址 3.0.0.7。

3. 假设移动结点的家乡地址为 2.0.0.2,家乡代理地址为 2.0.0.1,当移动结点处于外地网络时,希望收到家乡网络中的广播数据包,此时家乡网络中的结点 A,IP 地址为 2.0.0.3 发送了广播数据包,请写出以下两种情况下,广播数据包的选路流程。

1)当移动结点使用外地代理转交地址,外地代理的 IP 地址为 3.0.0.1。

2)移动结点使用配置转交地址 3.0.0.7。

第 4 章
移动 IPv6

随着人工智能、万物互联的技术趋势，海量设备"始终在线"，迫切希望每个设备都具有一个永久 IP 地址。而 IPv4 只能提供一亿个左右的 32 位地址，这意味着现有的地址资源将面临枯竭，严重制约了互联网的应用和发展。为了消除 IPv4 面临的危机，IETF 于 1992 年开始开发 IPv6。相对于 IPv4，IPv6 巨大的地址空间，也给移动 IP 带来了新的改变，对其功能实体、工作机制等均产生了较大影响。

本章首先介绍 IPv6 的基本概念，然后分析移动 IPv6 工作机制，最后对比分析移动 IPv4 与移动 IPv6 的区别。

4.1 IPv6 简介

IETF 于 1995 年以后陆续公布了一系列有关 IPv6 的协议、编址方法、路由选择以及安全等问题的 RFC 文档。2003 年 IETF 又发布了 IPv6 测试网络，即 6bone 网络，该网络主要测试如何将 IPv4 网络向 IPv6 网络迁移。2012 年，国际互联网协会举行了世界 IPv6 启动纪念日，全球 IPv6 网络正式启动。2017 年，中共中央办公厅、国务院办公厅印发《推进互联网协议第六版（IPv6）规模部署行动计划》。2018 年，国家下一代互联网产业技术创新战略联盟在北京发布了中国首份 IPv6 业务用户体验监测报告，移动宽带 IPv6 普及率仅为 6.16%，与国家规划部署的目标还有较大距离。2020 年，工业和信息化部发布《关于开展 2020 年 IPv6 端到端贯通能力提升专项行动的通知》，要求到 2020 年末，IPv6 活跃连接数达到 11.5 亿。2021 年，中央网络安全和信息化委员办公室等部门印发《关于加快推进互联网协议第六版（IPv6）规模部署和应用工作的通知》，提出到 2025 年末，全面建成领先的 IPv6 技术、产业、设施、应用和安全体系，IPv6 活跃用户数达到 8 亿。截至 2022 年 12 月，我国 IPv4 地址数量为 39182 万个，IPv6 地址数量为 67369 块 /32，较 2021 年 12 月增长 6.8%，IPv6 活跃用户数达 7.28 亿。与 IPv4 相比，IPv6 在以下方面进行了改进优化。

- 地址空间。IPv6 的 IP 地址长度为 128 位，是 IPv4 地址长度的 4 倍，满足海量设备接入网络的地址需求。
- 首部格式。在 IPv4 的首部中，除选项字段外，所有字段的位置和长度都是固定的，而 IPv6 使用了可选首部，格式更加灵活。
- 简化协议。在 IPv6 中，取消了首部校验和字段，分片只在源结点进行，这样加快了数据报的转发过程。
- 资源分配。IPv6 允许对网络资源进行预分配，以此取代 IPv4 的服务类型说明，支持实时视频等业务对带宽和时延的要求。
- 协议扩展。IPv6 具有良好的扩展性，增加新功能更加灵活，可以更好地适应未来技术发展。

4.1.1 IPv6 基本首部格式

IPv6 数据报的基本首部（Base Header）为 40B，其后允许附加零个或多个扩展首部（Extension Header），扩展首部后为用户数据，如图 4-1 所示。

图 4-1 具有多个首部的 IPv6 数据报的一般形式

图 4-2 为 IPv6 基本首部的格式，其中不少字段与 IPv4 首部中的字段直接对应。

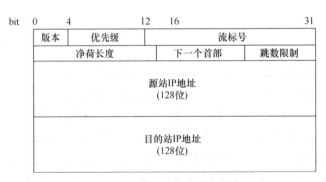

图 4-2 IPv6 数据报基本首部的格式

各字段含义为：

1）版本（Version）：4 位，指明协议的版本，对 IPv6 而言，该字段设置为 6。

2）优先级（Priority）：4 位。

该字段使源结点能够指明数据报的流（Flow）类型。IPv6 提出流的抽象概念，流的一种形式就是互联网络上从一个特定源站到一个特定目的站（单播或多播）的一系列数据报，而源站要求在数据报传输的路径上路由器保证指定的服务质量。例如，两个要发送视频的应用程序可以建立一个流，它们所需要的带宽和时延在此流上可得到保证。另一种形式是，网络提供者可能要求用户指明他所期望的服务质量，然后使用一个流来限制某个指定计算机或指定应用程序所发送的业务流量。流也可以用于某个给定的组织管理网络资源，以保证所有的应用能公平地使用网络。

IPv6 将数据流分成两大类，可进行拥塞控制的与不可进行拥塞控制的。每一类又细分为 8 个优先级。优先级的值越大，表明该分组越重要，优先级仅在类别之内有意义。对于可进行拥塞控制的数据流，其优先级为 0～7，当发生拥塞控制时，这类数据报的传输速率可以放慢。对于不可进行拥塞控制的数据流，其优先级为 8～15，通常这些数据流为实时性业务，如音频或视频业务，具有发送时速率恒定、丢失后不再重发等特点。以下是一些常见的 IPv6 优先级业务。

① 可进行拥塞控制的业务。

优先级 0：应用层未指明数据报的优先级。

优先级 4：用于大块数据的传送，如文件传送协议（FTP）或超文本传送协议（HTTP）。

优先级 6：用于交互性业务，如远程上机（TELNET）。

优先级 7：用于因特网控制业务，如简单网络管理协议（SNMP）报文或路由信息的报文。

② 对于不可进行拥塞控制的业务。

优先级 15：丢弃数据报产生的影响最大，如低保真度音频（少量数据报的丢失会产生可觉察到的噪声）。

3）流标号（Flow Label）：24 位。IPv6 支持资源预订，并且允许路由器将每一个数据报与一个给定的资源分配相联系。所有属于同一个流的数据报都具有同样的流标号。源站在建立流时，从（$2^{42}-1$）个流标号中随机选择一个标号作为流标号。流标号 0 用于指明没有采用流标号。由于路由器将特定流与数据报相关联时，采用的是数据报源地址和流标号的组合，因此即使源站随机地选择流标号也不会在计算机之间产生冲突。从一个源站发出的具有非零流标号的所有数据报，都必须具有相同的源地址和目的地址，以及相同的逐跳可选首部（在首部存在的情况下）和路由首部（在首部存在的情况下）。这样当路由器处理数据报时，只需要查询流标号，而不必查看数据报首部中的其他内容。为了使路由器能有效地查找数据报首部中的流标号，避免路由表过大，通常采用散列表的方法，散列函数可以只使用流标号中的 10～12 位。

4）净荷长度（Payload Length）：16 位。该字段指明除首部自身的长度外，IPv6 数据报所承载的字节数。一个 IPv6 数据报可容纳 64KB 长的数据。由于 IPv6 的首部长度是固定的，因此没有必要像 IPv4 那样指明数据报的总长度（首部与数据部分之和）。

5）下一个首部（Next Header）：8 位。该字段在基本首部后面紧接着的下一个扩展首部的类型。

6）跳数限制（Hop Limit）：8 位。该字段用于避免数据报在网络中无限期地存在。源站在每个数据报发出时就设定某个跳数限制。每一个路由器在转发数据报时，要先将跳数字段中的值减 1。当跳数为 0 时，将数据报丢弃。这与 IPv4 首部中的生存时间域一致。

7）源站 IP 地址：128 位。该字段表示数据报源站的 IP 地址。

8）目的站 IP 地址：128 位。该字段表示数据报目的站的 IP 地址。

4.1.2　IPv6 扩展首部

对于 IPv4，可选项放在数据报的净荷中，但 IPv6 将可选项放在"扩展首部"中，如图 4-3 所示，这些扩展首部构成了一个由 IPv6 基本首部开始，并指向实际高层协议首部的链，可选项存放在基本报文首部与数据信息段之间，路由器和最终目的结点根据扩展首部中的控制信息对所传送的报文做特殊处理。

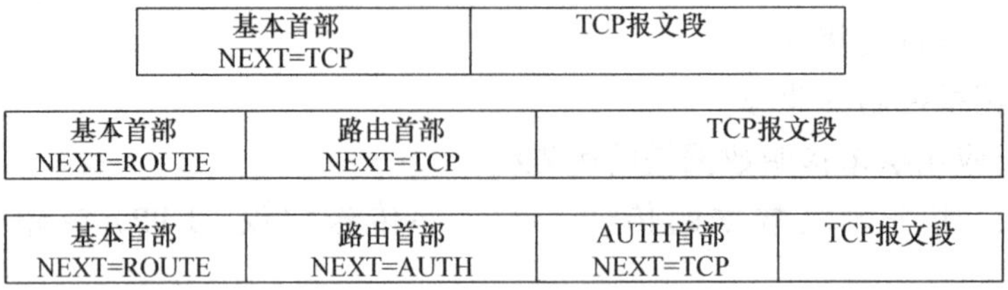

基本首部 NEXT=TCP	TCP报文段	
基本首部 NEXT=ROUTE	路由首部 NEXT=TCP	TCP报文段

| 基本首部
NEXT=ROUTE | 路由首部
NEXT=AUTH | AUTH首部
NEXT=TCP | TCP报文段 |

图 4-3　IPv6 数据报示意图

基本首部和扩展首部都包含一个"下一个首部"字段。每个中间的路由器以及最终目的地在对数据报进行处理时，必须使用"下一个首部"字段中的值对数据报进行分析。当包含多个扩展首部时，最好按照扩展首部字段值由小到大按顺序排列。实际上，中间的路由器很少需要处理所有的扩展首部。目前已定义的扩展首部有：

• 逐跳可选首部（Hop-by-Hop Options Header）：该首部用于传送数据报的传送路径中的每个结点检测的可选信息，由 IPv6 首部中"下一个首部"字段中的值为 0 来标识。

• 目的地可选首部（Destination Options Header）：该首部用于携带只需由数据报的目的结点检测的可选信息，由 IPv6 首部中"下一个首部"字段中的值为 60 来标识。

• 路由首部（Routing Header）：用于 IPv6 源结点列出到数据报的目的结点的路径中所应"访问"的一个或多个中间结点。该功能与 IPv4 的源路由相似，由 IPv6 首部中"下一个首部"字段中的值为 43 来标识。

• 分片首部（Fragment Header）：用于发送大于去往目的结点的路径 MTU 的报文。与 IPv4 不同，在 IPv6 中，只有数据报的源结点才能对数据进行分片，传输路径中的路由器不能进行分片。该首部由 IPv6 首部中"下一个首部"字段中的值为 44 来标识。

• IP 认证首部（IP Authentication Header）：提供 IP 数据报首部和净荷的认证、完整性检查和不可抵赖措施，由 IPv6 首部中"下一个首部"字段中的值为 51 来标识。

• IP 封装安全净荷首部（Encapsulating Security Payload Header）：用于整个净荷的加密和认证，由 IPv6 首部中"下一个首部"字段中的值为 50 来标识。

逐跳可选首部和目的地可选首部实际上是一个封装，包含一个或多个类型–长度–数据（Type-Length-Data）编码格式的可选项。其中一个可选项是特大净荷选项（Jumbo Payload Option），它允许发送长度大于 65536B 的 IPv6 数据报。对移动 IPv6 特别有意义的扩展首部是目的地可选首部、IP 认证首部和路由首部。

4.1.3 IPv6 地址

1. 地址表示

IPv6 地址长度为 128 位,由全球路由前缀、子网 ID 和接口 ID 组成,其中全球路由前缀与子网 ID 一起称为网络前缀,前者表明结点处于哪一个网络,后者指明具体是网络中的哪一个结点。此时,IPv4 的点分十进制的表示方法不再适用,而采用冒分十六进制表示,例如,2001:FD01:0000:0023:0008:0800:200C:417B,该地址也可表示为 2001:FD01:0:23:8:800:200C:417B。在某些情况下,IPv6 地址中可能包含长串的 0,可以把连续一段 0 压缩为"::",但为了保证地址解析的唯一性,地址中的"::"只能出现一次,例如,FF01:0:0:0:0:0:0:1101 可以压缩为 FF01::1101,0:0:0:0:0:0:0:1 可以压缩为 0::1,0:0:0:0:0:0:0:0 可以压缩为 ::。另外,为了实现 IPv4 与 IPv6 的互通,IPv4 地址可以嵌入到 IPv6 地址中,此时地址的前 96 位采用冒分十六进制,而最后的 32 位采用点分十进制,例如 ::192.168.0.1,::FFFF:192.168.0.2。在前 96 位中,压缩 0 位的方法依旧适用。

2. 地址类型

在 IPv4 中,IP 地址分为单播地址、组播地址以及广播地址。与 IPv4 不同,IPv6 不再有广播地址,改为单播地址、组播地址以及任播地址 3 种类型。

(1) 单播地址(Unicast Address)

单播地址用于唯一标识一个端口,与 IPv4 中的单播地址类似。单播数据报只被送往一个结点,即某个端口的地址。但是一个结点不一定只有一个单播地址,有可能同时拥有多个单播地址。单播地址又分为全球单播地址、链路本地地址、唯一本地地址、未指定地址以及环回地址等。

1)全球单播地址。全球单播地址类似于 IPv4 的公网地址,在 IPv4 中,由于地址空间较小,一般公网地址通常需要向运营商购买,相对稀缺,而家用地址一般为私有地址,由 DHCP 服务器为其分配即可。IPv6 的地址空间足够支撑每个结点拥有独自的公网地址,其结构示意图如图 4-4 所示。

图 4-4 IPv6 全球单播地址结构示意图

全球路由前缀:前 3 位固定为 001,长度一般为 48 位,由因特网编号分配机构(Internet Assigned Numbers Authority,IANA)分配给因特网服务提供方(ISP)以及其他机构来表明站点得到的前缀值,前缀路由指明了某一个机构组织的单个站点。

子网 ID:长度一般为 16 位,表明某一个站点内的子网,可创建 65536 个子网。

接口 ID:用于确定一个子网中的唯一一个结点,同一子网中接口 ID 必须具有唯一性,长度一般为 64 位。

2)链路本地地址。IPv6 的链路本地地址不涉及全球范围,只能用于同一条链路范围内的结点进行通信,不能跨子网进行通信,包含链路本地地址的数据报永远不会被路由器转发。链路本地地址网络前缀的前 10 位固定为 1111111010，网络 ID 则全为 0，则其地址格式为 FE80::/64，结构如图 4-5 所示。

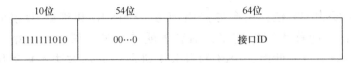

图 4-5　IPv6 链路本地地址结构示意图

接口 ID：通常接口 ID 有两种获取方式，一种是 Windows 系统以随机编码方式得到，另一种是 Linux 系统以 EUI-64 编码方式得到。接口 ID 用于确定子网中的唯一一个结点，因此同一子网中不同结点的接口 ID 不能重复。

3）唯一本地地址。该地址的作用类似于 IPv4 中私有地址的作用，可以让属于同一个组织但在不同链路上的结点得到通信，其结构如图 4-6 所示。

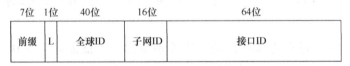

图 4-6　IPv6 唯一本地地址结构示意图

前缀：具有固定格式 1111110。

L：1 代表本地分配，0 未定义。

全球 ID：通过随机生成获得，长度为 40 位。

子网 ID：长度一般为 16 位，全球 ID 与子网 ID 通常可以确定某一个组织机构。

接口 ID：用于确定子网中唯一一个结点。

4）特殊地址。当结点不知道对方 IPv6 地址时，可以使用全 0 的未指定地址作为目的地址。环回地址的最后一位为 1，其余全为 0。当数据报的目的地址为环回地址时，表明接收和处理该报文的结点仍然是本结点。

（2）组播地址（Multicast Address）

组播地址的作用是让一个源结点发送的单一数据报能够被一组（即多个）目的结点收到。组播地址的高 8 位为全 1，标志位由 |0|R|P|T| 4 位组成，其中第 1 位必须为 0，R 位默认为 0，置 1 则表示该组播地址是一个内嵌汇集点（Rendezvous Point，RP）地址的 IPv6 组播地址。P 位默认为 0，置 1 则表示该组播地址是一个基于单播地址前缀的 IPv6 组播地址。T 为 0 表示永久分配的组播地址，为 1 表示临时分配的动态组播地址。

范围：组播地址范围共有 16 种。其中常用的有，2 表示链路本地范围，4 表示管理本地范围，5 表示站点本地范围，8 表示组织本地范围以及 E 表示全球范围。

组 ID：表示组播地址的编号。同一范围内的组号必须唯一。

除普通组播地址外，还存在一些特殊含义的组播地址，例如，FF02::1:2 代表处于同一链路的 DHCP 中继代理以及 DHCP 服务器都必须加入组播地址；FF02::1:3 代表处于同一链路的 DHCP 服务器都必须加入组播地址。

（3）任播地址（Anycast Address）

这是 IPv6 增加的一种类型。任播地址的目的站在一组计算机中，但数据报在交付时只交付给距离最近（根据使用的路由协议进行度量）的一个。以上 3 种类型中没有广播地址，IPv6 将广播看成是组播的特例，因此就没必要将广播区分成一种主要地址类型。

IPv6 的主机和路由器均称为结点，并将 IPv6 地址分配给结点上面的接口。一个接口可以有多个单播地址。一个结点接口的单播地址可用来唯一标识该结点。如同 IPv4 一样，IPv6 把一个地址与特定的网络连接（而不是特定的计算机）相关联，因此一个 IPv6 路由器由于和两个或多个网络相连接而具有两个或多个地址，而和一个网络只有一条连接的 IPv6 主机则只需要一个地址。为了便于分配和修改地址，IPv6 允许给一个给定的网络指派多个前缀，也允许对一个主机的给定接口同时指派多个地址。

4.2 移动 IPv6 的工作机制

移动 IP 设计的出发点是让一个移动结点使用一对 IP 地址，在因特网基于网络前缀路由的前提下，使得主机在移动过程中仍能保持通信，在任意位置上（家乡网络或外地网络）均能保持与通信对端的通信。在移动 IPv6 中定义了 3 个功能实体：移动结点（Mobile Node）、通信对端（Correspondent Node）以及家乡代理（Home Agent）；为注册过程定义了 3 种新的 IPv6 注册消息：绑定更新、绑定认可、绑定请求；为"动态家乡代理地址发现"定义了两种 ICMP 消息：家乡代理地址发现请求 ICMP 消息和家乡代理地址发现应答 ICMP 消息；为"邻居发现"定义了两个新的 IPv6 选项：广播时间间隔选项和家乡代理信息选项。

移动 IPv6 的工作原理示意图如图 4-7 所示。图中，网络 A 上有一个路由器为移动结点提供家乡代理服务，网络 A 为移动结点的家乡网络。网络 C 上有一个通信对端，它可以是移动的也可以是静止的。网络 B 与网络 C 均为移动结点的外地网络。

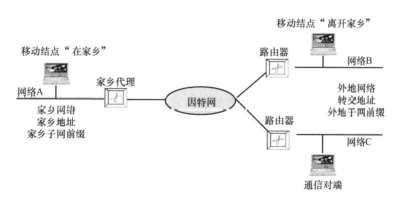

图 4-7 移动 IPv6 工作原理示意图

（1）移动结点在家乡网络上

当移动结点在家乡网络上时，其工作方式与固定主机一致，移动 IP 不需要进行任何特别的操作。常规的因特网路由算法会将目的地址为移动结点家乡地址的数据报转发到家乡网络上。

（2）移动结点在外地网络上

当移动结点移动到外地网络后，通过常规的 IPv6 无状态字段的动态配置机制，移动结点可以获得一个或多个转交地址，其中向家乡代理注册的转交地址是主转交地址，家乡代理截获的数据报都转发到移动结点的主转交地址。转交地址的子网前缀是移动结点正在访问的外地网络的子网前缀。只要移动结点一直连接到这个外地网络，目的地址为这个转交地址的数据报都会被转发到移动结点。转交地址是移动结点在外地网络时的 IP 地址。移动结点家乡地址和转交地址之间的关联称为"绑定"。这个"绑定"使得家乡代理能够将发往移动结点家乡地址的数据报转发到移动结点的当前位置。

移动 IPv6 注册，移动结点首先向家乡代理发送"绑定更新"消息申请注册，家乡代理则通过一条"绑定确认"消息对移动结点的请求进行应答。随后，移动结点的家乡代理使用"代理邻居发现"机制，在家乡网络上截获目的地址为移动结点家乡地址的所有 IPv6 数据报，并通过隧道将它们转发到移动结点的主转交地址。在隧道中，家乡代理对数据报使用 IPv6 封装，把移动结点的主转交地址放在外层 IPv6 数据报首部的目的地址字段。

除了与家乡代理的绑定外，移动 IPv6 也允许移动结点在通信对端上绑定当前转交地址和家乡地址。如果在通信对端上实现移动结点家乡地址和转交地址的绑定，就可以直接把数据报发送到移动结点的转交地址；否则，只能把数据报发送到其家乡地址。从另一个角度考虑，移动结点也可以根据接收到的隧道数据报，来判断通信对端是否知晓当前转交地址与家乡地址的绑定，若不知道，则可以向通信对端发送绑定更新，以建立移动绑定。为了优化数据报选路，希望通信对端在多数情况下都能够将数据报直接发送到移动结点的转交地址，而不是通过家乡代理，从而避免移动 IPv4 中的三边路由问题。

移动结点离开家乡后，家乡网络可能进行了重新配置，导致原来提供家乡代理服务的路由器被另一个路由器取代。在这种情况下，移动结点并不知道当前家乡代理的 IP 地址。移动 IPv6 通过"动态家乡代理地址发现"机制，允许移动结点动态发现家乡网络上现有家乡代理的 IP 地址，从而保证能够注册其主转交地址。

动态家乡代理地址发现机制规定，移动结点在没有配置家乡代理，或者发现当前的家乡代理不再有效时，将向其家乡子网前缀特定的移动 IPv6 家乡代理任播地址发送 ICMP 家乡代理地址发现请求消息。该消息到达家乡网络中的一个或多个家乡代理后，其中一个家乡代理会向移动结点返回一条 ICMP 家乡代理地址发现应答消息，指明家乡网络上一组家乡代理的地址。移动结点通过家乡代理地址发现应答消息和其中的家乡代理地址列表，就可以确定自己家乡代理的地址。

4.3　路由器发现

第六版互联网控制报文协议（ICMPv6）路由器发现与移动 IPv4 中的代理发现十分相似。IPv6 通过路由器请求和路由器广播两条报文，发现网络中为其服务的路由器。与移动 IPv4 一样，路由器广播由路由器在它们所连接的链路上进行周期地广播，路由器请求则是由移动结点送出的。在移动IPv6中，仍然不要求对路由器发现报文进行认证。ICMPv6路由器请求报文结构如图4-8所示，接收到请求报文的路由器应立即以一个路由器广播报文进行应答。如果没有IPv6扩展首部，那么IPv6下一跳首部域取值为58（ICMPv6），ICMPv6类型域取值为133，表示这个报文是路由器请求。由于路由器请求报文由移动结点发出，因此源地址为移动结点的单播地址，目的地址为包含所有路由器的组播地址。

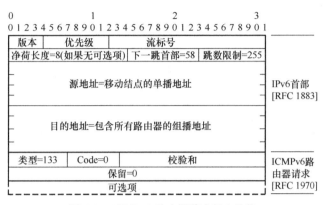

图4-8 ICMPv6路由器请求报文结构

ICMPv6路由器广播报文结构如图4-9所示，如果没有IPv6扩展首部，那么IPv6下一跳首部域取值为58（ICMPv6），ICMPv6类型域取值为134，表示这个报文是路由器广播。由于路由器广播报文由路由器发出，因此源地址为路由器地址，若不是针对移动结点发出的路由器请求报文的响应，则其目的地址为包含所有结点的组播地址；否则目的地址为移动结点的地址。只有当路由器生存时间域非零时，发送这个广播的路由器才能被移动结点当作默认路由器，路由器的地址由报文的源地址域给出。如果广播报文中有一个或多个前缀标识可选项（Prefix Identification Options），那么移动结点可以利用列出的网络前缀完成移动检测，并决定它是否连接在家乡网络上。

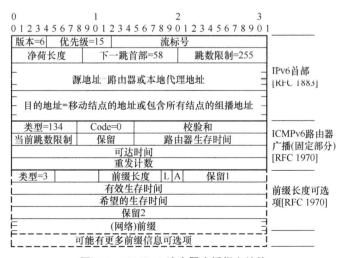

图4-9 ICMPv6路由器广播报文结构

4.4 布告

移动 IPv6 的布告（Notification）是移动结点将它的转交地址告诉家乡代理和各个通信对端的过程。与移动 IPv4 一致，家乡代理将移动结点的转交地址作为隧道出口，以将数据报送给连接在外地网络上的移动结点。另外，通信对端也可能利用移动结点的转交地址将数据报直接路由给移动结点，无须将数据报路由给移动结点的家乡代理。当移动结点回到家乡网络时，必须通知家乡代理。

4.4.1 布告过程

移动 IPv6 布告过程包括在移动结点和家乡代理或通信对端间交换绑定更新（Binding Update）和绑定应答（Binding Acknowledgment），以及移动结点和通信对端交换绑定请求和绑定应答。消息交换的一般过程如下：

1）移动结点连接在外地网络上，并将它新的转交地址通知给家乡代理，如图 4-10 所示。

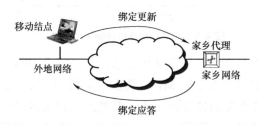

图 4-10 移动结点将新的转交地址通知家乡代理示意图

2）移动结点连接在外地网络上，并将它新的转交地址通知给一个通信对端，如图 4-11 所示。

图 4-11 移动结点将新的转交地址通知通信对端示意图

3）移动结点回到家乡网络，并通知它的家乡代理注销绑定，如图 4-12 所示。

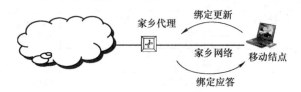

图 4-12 移动结点注销绑定示意图

4）移动结点连接在外地网络上，当先前绑定更新消息中的生存时间域将要过期时，通信对端可能会向移动结点发送绑定请求，要求移动结点重新进行绑定更新，如图 4-13 所示。

图 4-13　通信对端请求移动结点进行新的绑定更新示意图

4.4.2　布告消息

移动 IPv6 布告使用绑定更新、绑定应答和绑定请求 3 条消息。移动 IPv6 的布告采用 IPv6 首部的一个扩展来实现消息交换，而不像移动 IPv4 中那样将消息放在 UDP / IP 报的净荷中。

（1）绑定更新消息

绑定更新消息由移动结点发出，用来通知家乡代理或通信对端其当前转交地址。绑定更新选项可以放在独立的 IPv6 数据报（即数据报中不再包含其他用户数据）中，也可以放在一个已有的 IPv6 数据报（即数据报中还包含其他用户数据）中。和移动 IPv4 注册消息一样，移动 IPv6 要求对绑定更新进行认证。移动 IPv6 采用身份认证首部（Authentication Header）来传送数据。同样，所有移动 IPv6 的实现均支持采用手工密钥分配的认证机制。

（2）绑定应答消息

绑定应答消息由家乡代理或任一通信对端发送，用于表明发送者已成功收到了移动结点的绑定更新消息。绑定应答消息和绑定更新消息一样，可以在单独的 IPv6 数据报中发送，也可以放在一个已有的 IPv6 数据报中。向移动结点发送绑定应答消息的方法与向移动结点发送其他数据报的方法一致。

（3）绑定请求消息

当先前绑定更新消息中的生存时间域即将过期，而通信对端还要继续向移动结点发送数据报时，通信对端通过向移动结点发送绑定请求，要求移动结点发送一个新的绑定更新。绑定请求表明通信对端想知道移动结点的转交地址。绑定请求一般不放在独立的 IPv6 数据报中，而是与其他数据报一起放在一个 IPv6 数据报中发送。

4.5　数据报选路

当移动结点在家乡网络上时，与固定结点收发数据报的机制一致，因此本书重点分析移动结点连接在外地网络时的数据报选路机制。

4.5.1 已知转交地址的通信对端

若通信对端通过布告过程已经知道移动结点当前的转交地址，就可以利用 IPv6 选路首部直接将数据报发送给移动结点，而不需要经过移动结点的家乡代理，达成从通信对端到移动结点的一条优化路由。IPv6 选路首部包含了一个中间目的结点的列表，数据报必须在去往最终目的结点的路上访问这些中间目的结点。通信对端通过将移动结点的转交地址作为选路首部中唯一的中间目的结点，以使数据报直接路由到移动结点的当前位置上。

图 4-14 给出了从通信对端到移动结点的源路由数据报的示意图。通信对端将中间目的结点，也就是移动结点的转交地址，放入 IPv6 目的地址域，将最终目的地址，也就是移动结点的家乡地址放入选路首部中，然后通过网络转发这个数据报。IPv6 规定选路首部只在 IPv6 目的地址域中的那个结点检查，而中间路由器不需要检查选路首部。

图 4-14 从通信对端到移动结点的源路由数据报示意图

当该数据报到达 IPv6 目的地址时，也就是到达移动结点的转交地址时，移动结点检查选路首部，发现这个 IPv6 数据报最终目的地址是它的家乡地址，因此移动结点就将数据报送给选路首部中的下一跳首部域所指示的高层协议处理。

4.5.2 未知转交地址的通信对端

如果通信对端不知道移动结点的转交地址，那么通信对端只能将移动结点的家乡地址放入 IPv6 目的地址域中，并将自己的地址放在 IPv6 源地址域中，然后将数据报转发到合适的下一跳上。与移动 IPv4 选路机制一样，该数据报将被送往移动结点的家乡网络，家乡代理截获这个数据报后，通过隧道将它送往移动结点的转交地址。与移动 IPv4 不同的是，由于移动 IPv6 中没有外地代理，移动结点只具备配置转交地址，因此隧道出口即为移动结点。移动结点拆封数据报后，发现内层数据报的目的地址是它的家乡地址，于是将内层数据报交给高层协议处理。

4.5.3 移动结点发送数据报

当移动结点连接在外地网络上时，它可以从已收到路由器广播消息的外地网络上的路由器中任选一台，作为它的默认路由器，并据此进行路由表配置，这样移动结点发出的所有数据报就会发送到选定的路由器上。

4.6 与移动 IPv4 的对比

IPv6 本身继承了一部分 IPv4 的特性，移动 IPv6 也借用了移动 IPv4 的许多概念，包括移动结点、家乡代理、家乡地址和转交地址，但是，移动 IPv6 中没有外地代理和外地转交地址的概念。与移动 IPv4 相比，移动 IPv6 主要有以下特点。

（1）巨大的地址空间使移动性实现更加简单

巨大的地址空间能够为每一个设备提供一个全球唯一的 IP 地址，这使得地址的自动配置变得非常简单，每个移动结点在任何访问的外地网络上都能获得一个全球唯一的地址，不需要使用外地代理转交地址，相对于移动 IPv4，其移动性实现更加简单。

（2）避免了三边路由问题，实现了路由优化

在移动 IPv4 的基本协议中存在"三边路由"问题，"三边路由"问题的解决是由另外的协议完成的，是基本协议的可选扩展，并不是移动 IPv4 中的所有结点均支持。在移动 IPv6 中，"三边路由"问题的解决已经成为协议的一个主要部分，并被所有的 IPv6 结点所支持。与家乡代理相类似，它也允许移动结点在通信对端上绑定移动结点的当前转交地址和家乡地址。对这种三边路由优化问题的整合允许任何通信对端和移动结点之间直接路由数据报，而不再经过移动结点的家乡网络，也不再需要家乡代理转发，因此解决了在基本的移动 IPv4 协议中存在的"三边路由"问题。

（3）简化了对移动结点转交地址的分配

在移动 IPv6 中可以允许移动结点与具有"入口过滤"功能的路由器同时存在并有效工作而不互相影响。在移动 IPv4 中，当连接在外地网络的移动结点向通信对端发送数据报时，在某些情况下为了保证位置的透明性，移动结点必须将所要发送数据报的源地址设置为自己的家乡地址。由于家乡地址具有与外地网络不同的子网前缀，所以当这些数据报通过具有"入口过滤"功能的路由器时，将被路由器过滤掉。在移动 IPv6 中移动结点可以使用转交地址作为它所发送数据报的 IP 首部中的源地址，这样，数据报就能正常地通过具有"入口过滤"功能的路由器。移动结点的家乡地址被携带在数据报的"家乡地址"目的地选项中，当通信对端接收到包含这样选项的数据报时，能够自动地把数据报的源地址替换成"家乡地址"目的地选项中的家乡地址，这样就使得转交地址的使用对网络以上各层是透明的。所有 IPv6 结点都必须能够正确处理数据报中的"家乡地址"选项，无论这个结点是移动的还是静止的，是主机还是路由器。

在数据报的首部中使用"转交地址"作为源地址也简化了移动结点发送广播数据报的路由。在移动 IPv4 中，移动结点需要将广播数据报通过隧道发送到家乡代理，从而在家乡网络上利用家乡地址作为广播数据报的源地址。在移动 IPv6 中，"家乡地址"目的地

选项允许在广播数据报中使用"家乡地址"作为源地址，使得广播路由更简单高效。另外，在移动 IPv6 中，移动结点可能会同时拥有多个转交地址。这对于后续的系统应用非常有益，例如，移动结点通过无线链路与基站相连，由于基站的覆盖范围有限，当移动结点从一个基站移动到另一个基站时，在两个基站的交叠区利用两个转交地址能够与两个基站同时通信，有助于提高服务质量。

（4）不再需要外地代理

移动 IPv6 中不再有"外地代理"的概念。移动结点在离开家乡网络时可以利用 IPv6 的增强功能（如"邻居发现"和"地址自动配置"机制）进行独立操作，而不需要任何来自当地路由器的特殊支持。

（5）简化了安全性方面的机制

在安全性方面，移动 IPv6 使用互联网络层安全协议（IP Security，IPSec）来满足更新绑定时的所有安全需求（发送者认证、数据完整性保护、重发保护等），也就是说移动 IPv6 的安全性是建立在 IPv6 的安全机制之上，而不需要额外设计新的安全机制。而在移动 IPv4 中必须依赖自己的安全机制，通过静态地配置"移动安全关联"来完成这些功能，增加了负担。

（6）解决了地址解析协议的局限性

当移动结点在当前位置与它的默认路由器进行通信时，移动 IPv6 的"移动检测"机制为移动结点提供了双向认证的能力（双向是指从路由器向移动结点发送数据报和从移动结点向路由器发送数据报）。这种认证对于"黑洞"问题提供了一种检测方法，例如在某些链路上，其链路质量与方向有关，如果移动结点发现它与当前路由器的链路质量并不理想，那么它可以试图发现一个新的路由器并使用一个新的转交地址。而在移动 IPv4 中仅仅"前向"（从路由器向移动结点发送数据报）的消息传送被认可，如果移动结点接收不到从路由器发送过来的数据报，而移动结点发送到路由器的数据报即使被路由器接收到，也不能对移动结点进行认可，所以这样就允许"黑洞"现象存在，即移动结点与路由器失去了联系。

（7）减少了移动 IP 分发数据报的负担

在移动 IPv6 中，对于发往离开家乡网络的移动结点的数据报，使用 IPv6 的"路由首部"进行传送，而不使用 IP 封装；在移动 IPv4 中对于所有的数据报必须使用封装技术。使用"路由首部"仅需要较少的附加首部字节，从而减少了移动 IP 分发数据报的负担。但是，为了防止数据报在发送的过程中被修改，在移动 IPv6 中，由移动结点的家乡代理截获并通过隧道发送到移动结点的数据报必须仍然使用封装技术。

（8）简化了移动 IP 的实现

当移动结点离开家乡时，它的家乡代理使用 IPv6 的"邻居发现"机制来截获发往移动结点的数据报，而不是使用 IPv4 中的 ARP。为了截获数据报，家乡代理必须代表这个移动结点在家乡网络上广播一条"邻居广播"消息。在家乡网络上接收到这条消息的任何结点，将修改自己的"邻居缓存"，这样后续发往移动结点的数据报将直接发送到移动结点的转交地址，而不是发往移动结点的家乡代理。"邻居发现"的使用提高了协议的健壮性并且简化了移动 IP 的实现过程。

在移动 IPv4 中由于 ICMP 的局限性必须使用"隧道软状态"的概念，而在移动 IPv6 中，由于使用了"IPv6 封装"和"路由首部"，从而不再需要"隧道软状态"。根据 ICMPv6 的定义，"ICMP 错误消息"能够正确的被传送到数据报的初始发送者。在移动 IPv6 中，"动态家乡代理地址发现"机制使用 IPv6 的任播地址，并且家乡网络上只有一条家乡代理向移动结点返回应答消息。而在移动 IPv4 中使用直接的广播地址，所以移动结点家乡网络上的每个家乡代理均返回一条独立的应答消息。与移动 IPv4 相比，仅仅只有一个数据报从家乡网络返回到移动结点，所以移动 IPv6 的机制更加高效。移动 IPv6 中在"路由器广播"消息（相当于移动 IPv4 中的"代理广播"消息）中定义了一个"广播时间间隔"选项，允许移动结点自己决定在宣布它的当前路由器不可达消息之前，可以略过多少条"路由器广播"消息。另外，由于使用了 IPv6 协议的"目的地选项"，所以允许移动 IPv6 的流量控制消息附加在任何的 IPv6 数据报中，这样可以减少网络的通信量；而在移动 IPv4 中，对于每条控制消息都必须使用独立的 UDP 数据报进行发送。

思考题与习题

1. 请分析 IPv6 与 IPv4 的区别，并描述移动 IPv6 与移动 IPv4 在功能实体上的差异。
2. 请分析移动 IPv6 与移动 IPv4 在工作机制上的区别。

第 5 章

移动 IP 的安全

网络安全通常是指网络系统的硬件、软件及其系统中的数据受到保护,不因偶然的或者恶意的原因而遭受到破坏、更改、泄露,系统连续可靠正常地运行,网络服务不中断。安全问题是自因特网商用以来最棘手、解决难度最大的问题。自 1995 年以来,IETF 制定了一套用于保护 IP 通信的 IP 安全协议——IPSec,后续将其作为 IPv6 的必需组成部分。移动 IP 除了需要面对无线环境带来的固有安全威胁外,还需要解决结点移动性带来的新威胁。

本章首先介绍了因特网使用的安全技术,然后分析了移动 IP 面临的安全威胁与相应的防范措施,最后简述了移动 IP 中的 AAA 模型。

5.1 因特网中使用的安全技术

5.1.1 IPSec

互联网络层安全协议(IP Security,IPSec)是一套用于提供 IP 层的安全协议,是网络层安全体系。IPSec 基于强大的密码学理论基础,是一个开放的基本框架,其提供标准、可靠、可扩充的安全机制,能广泛应用于各种操作环境,通过在网络层对数据报提供加密和认证服务来保证通信安全。由于所有支持 TCP/IP 的主机进行通信时,都要经过网络层的处理,所以提供了网络层的安全性就相当于为整个网络提供了安全通信的基础,因此,IPSec 得到了广泛的应用。IPSec 提供的安全服务集包括访问控制、无连接的完整性、数据源认证、拒绝重发包(部分序列完整性)、保密性和有限传输流保密性。

在 IPSec 提出之前,原有互联网安全机制大多建立在应用程序级,如 E-mail 加密、SNMPv2 网络管理、接入安全(HTTP、SSL)等,由于所处网络层次较高,其所能提供的安全性非常有限。而一些链路层的安全机制,如 L2TP、PPTP 等,对硬件的依赖性较强,不易扩展。最初的一组有关 IPSec 标准由 IETF 在 1995 年制定,包括 [RFC 1825 ～ 1827]

等，但由于其中存在一些未解决的问题，从 1997 年开始 IETF 又开展了新一轮的 IPSec 的制定工作，并于 1998 年发布了 [RFC 2401～2409] 等文档，对前面的文档做出修订。2005 年 12 月，新版本的 IPSec 标准制定完毕，包括 [RFC 4301～4309] 等文档。有关安全的 RFC 文档主要分为体系结构、封装安全负载（Encapsulating Security Payload，ESP）、身份认证报头（首部）（Authentication Header，AH）、互联网密钥交换（Internet Key Exchange，IKE）等部分。其中体系架构相关 RFC 文档主要包括 IPSec 的总体概念、安全需求、定义以及机制；ESP 相关 RFC 文档主要包括使用 ESP 进行包加密的报文包格式、将各种不同加密算法用于 ESP 和一般性问题，以及可选的认证；AH 相关 RFC 文档主要包括使用 AH 进行包认证的报文包格式、将各种不同加密算法用于 AH 和一般性问题；IKE 相关 RFC 文档主要描述密钥交换方案。除此之外，还有一些其他相关文档，比如批准的加密和认证算法标识，以及运行参数等，统称为解释域（Domain Of Interpretation，DOI）。

1. 体系架构

IPSec 的体系架构如图 5-1 所示，主要由封装安全负载（ESP）协议、身份认证报头（AH）协议、互联网密钥交换（IKE）协议组成。各部分的功能如下：

• ESP 协议：主要提供加密功能，或者在数据部分放置某些加密数据来提供机密性和完整性功能。

• AH 协议：主要提供数据源认证、数据完整性校验和防报文重发等功能，但并不加密受保护的数据报。AH 协议可以独立使用，或与 ESP 协议相结合，或通过使用隧道模式的嵌套方式。

• IKE 协议：IKE 协议是 IPSec 协议族的组成部分之一，主要提供密钥交换和安全关联，由安全连接和密钥管理协议（Internet Security Association and Key Management Protocol，ISAKMP）、OAKLEY 协议、安全密钥交换机制（Secure Key Exchange Mechanism，SKEME）组成。

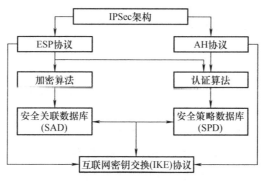

图 5-1 IPSec 的体系架构

在 IPv4 中，对上述协议的支持是可选实现，而在 IPv6 中是强制的，通过在主 IP 报头后面接续扩展报头实现，如认证扩展报头、加密扩展报头等。AH 协议和 ESP 协议均能支持认证功能，但两者的保护范围有一定的区别。AH 协议能够提供整个数据报的认证，包括 IP 报头和承载数据；而 ESP 协议认证功能的作用范围局限于承载数据，不包括 IP 报头。理论上，AH 协议所提供的认证安全性要高于 ESP 协议。两者能够提供的安全特性见表 5-1。

表 5-1　AH 与 ESP 相关的网络安全特性列表

安全特性	协议类型		
	AH	ESP（仅加密）	ESP（加密与认证）
访问控制	√	√	√
无连接完整性	√		√
数据源认证	√		√
抗重发	√	√	√
机密性		√	√
有限数据流机密性		√	√

注：√表示可提供安全特性。

访问控制是为了防止未授权对资源进行访问，一般通过身份认证来实现访问控制。数据源认证是对数据源所声明的身份进行验证，通常与无连接数据完整性相结合，一般通过报文鉴别机制来实现数据源认证。无连接完整性对数据报是否被修改进行检查，而对数据报的到达顺序不做要求，一般使用数据源认证实现无连接完整性。抗重发也被称为部分序号完整性服务，主要是为了防止攻击者截获并复制数据报。AH 协议、ESP 协议均能实现抗重发攻击。机密性是指只有数据报的接收者才能获取发送数据报的真正内容，否则无法获知数据的真正内容。有限数据流机密性是为了防止对通信外部属性（源地址、目的地址、报文长度、通信频率等）的泄露，从而使攻击者无法对网络流量进行分析，推理其中的传输速率、通信者身份、数据报大小与数据流标识符等信息。

2. 安全关联

安全关联（Security Association，SA）的概念是 IPSec 的基础，它是两个通信实体经协商建立起来的约定，它决定了用来保护数据报的协议、转码方式、密钥以及密钥有效期等。AH 协议和 ESP 协议均使用了安全关联，IKE 的一个主要功能是建立和维护安全关联。一个 SA 由 3 个参数唯一确定：IP 目的地址、安全协议标识符以及安全参数索引（Security Parameter Index，SPI）。对于 SA，IP 目的地址是目的端的 IP 地址。SPI 通常是 SA 的目的端选择的一个 32 位数字，它仅在那个目的端内具有本地的有效性。安全协议标识符是针对 AH（51）和 ESP（50）的协议号。注意，IP 源地址没有被用于定义 SA。这是因为 SA 是单向关系，如果要在收发之间建立双向安全交换，则需要两个 SA，每个负责一个方向。

SA 与 IPSec 中的两个数据库密切相关，即图 5-1 中的安全关联数据库（Security Association Database，SAD）与安全策略数据库（Security Policy Database，SPD）。SAD 中存储了 SA 的 3 个参数，除此之外，还包括 AH 认证算法、AH 认证的加密密钥、ESP 认证算法、ESP 认证的加密密钥、ESP 加密算法、ESP 加密的加密密钥、SA 的生存时间、IPSec 的协议模式等。SPD 主要用来存储 IPSec 的规则，这些规则定义了保护什么、如何保护以及谁来保护等。SPD 对于通过的流量制定了 3 种策略：丢弃、旁路以及保护。丢弃是指不被允许（以指定方向）穿越 IPSec 边界的流量。旁路是指被允许无 IPSec 保护穿越 IPSec 边界的流量。保护是指被提供了 IPSec 的流量,对于这些流量 SPD 必须规定使用的安全协议类型、安全协议的模式、安全业务选项和使用的加密算法。SPD 涉及的内容较多,主要包括 IP 目的地址、IP 源地址、userID(操作系统中用户标识)、数据敏感级别、传输层协议、IPSec 协议、目的端口、源端口、IPv6 种类等。

SA 支持两种工作模式,传输模式(Transport Mode)与隧道模式(Tunnel Mode)。传输模式主要为高层协议(如 TCP 和 UDP)提供保护,一般用于为一对主机间提供端到端安全服务。当为路径上的两个中间系统提供安全业务时,传输模式可以用于安全网关或安全网关和主机间。在安全网关或安全网关和主机间使用传输模式时,该模式可用于支持 IP 的 IP 封装、通用路由封装或动态路由。需要注意的是,由中间系统使用的传输模式对分组有一定的限制,只有分组的源地址(对于出境分组)或目的地址(对于入境分组)是属于该中间系统本身的地址。在 IPv4 中,传输模式安全协议报头紧跟在 IP 报头和任何选项之后,在任何下一层协议之前。在 IPv6 中,安全协议报头在基本 IP 报头和选定扩展报头之后出现,但是可在目的地选项之前或之后出现;必须在下一层协议之前出现。

隧道模式适用于隧道内部流量报头的访问控制,主机一般能够提供传输和隧道两种模式,然而安全网关通常仅能提供隧道模式。但是在两种特殊场景下,安全网关也能够提供传输模式。一种是网关充当主机,例如简单网络管理协议(Simple Network Management Protocol,SNMP)指令,安全网关充当主机,允许使用传输模式。图 5-2 给出了传输模式和隧道模式的 IP 报文结构。在传输模式中,原始的 IP 报头基本保持完整,安全报头被放在 IP 报头和有效负载之间。在隧道模式中,原始 IP 报文成为一个封装 IP 报文的有效负载,封装 IP 报头指出在 IP 报头之后跟随了一个安全报头。另一种是安全网关可能支持传输模式 SA,以便为沿着一条路径的两个中间系统之间的 IP 通信提供安全性,例如,在主机和安全网关之间或两个安全网关之间。

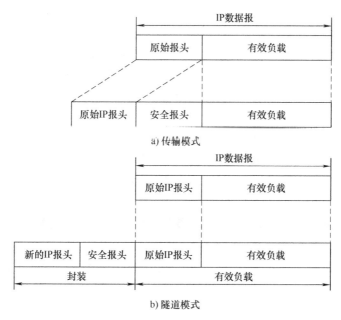

图 5-2 传输模式和隧道模式的 IP 报文结构

单个 SA 能够为 IP 通信实现 AH 或 ESP，但不能两者同时实现，在某些情况下需要根据应用的服务需求，将两个或更多的 SA 捆绑在一起，即安全关联束（SA Bundle）。SA 束有两种形成形式，传输邻接（Transport Adjacency）与隧道嵌套（Iterated Tunneling）。传输邻接是在不形成隧道的情况下，同一分组应用 AH 和 ESP 的组合。由于 AH 的完整性检查比 ESP 的完整性检查覆盖的范围更广，所以在 AH 之后应用 ESP 更合理。隧道嵌套则是通过使用多个隧道来提供多级安全协议。隧道的端点可能在同一个地方也可能在不同的地方。与传输邻接只能使用一个层次不同，隧道嵌套能够结合任意多的隧道。需要注意的是，在 [RFC 4301] 中不再要求支持隧道嵌套 SA 束。

3. 身份认证报头（AH）

（1）报头结构

IPSec 身份认证报头协议可用于整个 IP 数据报的认证，其报头结构如图 5-3 所示，包括 6 个字段。

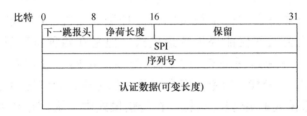

图 5-3 AH 报头结构

• 下一跳报头（Next Header）（8 位）：表明紧接着 AH 后的协议报文头的类型，数值与 IP 报头协议字段一致。在传输模式下，该字段是被保护的传输层协议值，如 6（TCP）、17（UDP）、50（ESP）。在隧道模式下，AH 保护整个数据报，该字段为 4。

• 净荷长度（Payload Len）（8 位）：表示认证报头的长度，而不是真正的有效负荷长度。其值是以 32 位为单位的整个 AH 数据（包括报头和可变认证数据）的长度再减 2 来计算。减 2 的原因是认证报头最初是 IPv6 的扩展报头，其报头长度的计算方法是用 64 位为单位减 1。而净荷在 32 位字段中进行计算，为了与 IPv6 保持一致，所以值被减 2。

• 保留（Reserved）（16 位）：为协议后续扩展使用，目前该字段被置 0，仅用于校准，即使 SPI 字段以 32 位为标准而校准。

• 安全参数索引（Security Parameter Index，SPI）（32 位）：为 SA 检索的任意 32 位数字，用于标识发送方在处理 IP 数据报时使用了哪些安全策略。这个值同 IP 目的地址和 IPSec 协议类型一起，用于唯一地为这个 IP 报文鉴别 SA。当建立 SA 时，SPI 值通常被目的系统所选择。

• 序列号（Sequence Number）（32 位）：指明 IPSec 报文的先后顺序，其数值单调递增。当初始建立 SA 时，序列号为 0，利用 SA 每传送一个 IP 报文，该值加 1。如果目的地基于检查序列号而拒绝报文进入接收窗口，相当于提供了反重发的保护机制。

• 认证数据（Authentication Data）（可变长度）：包含了这个 IP 报文的完整性校验值（Integrity Check Value，ICV）。ICV 由建立 SA 时所选择的算法计算获得，接收者也可以利用 ICV 来验证接收到的 IP 报文的完整性。由于净荷负载长度的值以 4B 为单位进行计算,因此 ICV 的长度必须是 4B 的整数倍。若不是,ICV 必须进行填位或者截位。例如,可通过 MD5 和 SHA-1(分别为 [RFC 2403] 和 [RFC 2404])的哈希消息认证码(Hash-based Message Authentication Code,HMAC)[RFC 2104],计算出一个 96 位的 ICV。

需要注意的是,为了对整个数据报(IP 报头与数据负载)提供身份验证、完整性与重发保护,除了在传输过程中可能更改的某些字段外,其他字段均参与 ICV 的计算。可变字段主要包括服务类型(Type Of Service,TOS)、段内偏移(Fragment Offset)、分段标志(Fragmentation Flag)、生存时间(Time To Live,TTL)等。另外,AH 接收者的处理仅被用于没有被分段的 IP 报文。在应用 AH 处理之前,目的地必须重新聚集所有片段。如果在 AH 处理之后报文不能被验证,报文将被丢弃。

(2)传输模式

以 IPv4 与 IPv6 为例,在传输模式中保留原始报头作为新的 IP 报文的报头,AH 报头插入在 IP 报头和原始的有效负载之间,如图 5-4 所示。原始报头基本保持完整,仅有协议字段的值,由于插入 AH 报头,协议字段需要被修改为 51。可见,传输模式的优点是仅需在原始 IP 报文中添加若干额外的字节,实现较为简单。然而,由于原始报头被用作新的 IP 报文的报头,因此仅有终端主机能够使用 AH 传输模式。

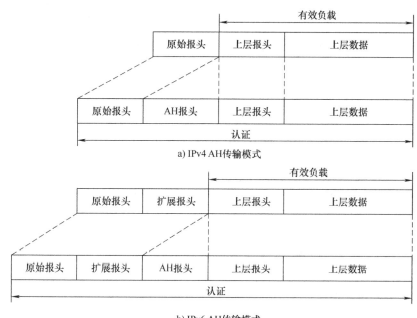

图 5-4 IPv4 和 IPv6 的 AH 传输模式

(3)隧道模式

在隧道模式中,需要为新的 IP 报文建立一个新的 IP 报头,AH 报头被插入在原始的报头和新的报头之间,如图 5-5 所示。原始 IP 报头保持完整不变,而被封装在新的 IP 报文中。除了 AH 报头和新的 IP 报头的不可变字段,该模式能够为整个原始 IP 报文提供验证(包括原始 IP 报头的可变字段)。由于原始 IP 报头完全没有被修改,包含最终的 IP 目的地址，也包含原始的 IP 源地址，新的 IP 报头又包含了 IPSec 设备的 IP 源地址和目的地址，新的报文能够在 IPSec 设备之间传输。因此不管 SA 的端点是主机还是安全网关，均能采用隧道模式。

如果 SA 位于主机之间，新报头的 IP 源地址和目的地址通常与原始地址相同。在隧道模式中，在主机之间使用 AH 的主要原因是为了完全验证原始报文。如果 SA 位于安全网关之间，新报头的 IP 源地址和目的地址是安全网关的地址。安全网关之间的隧道模式 AH 允许站点之间的通信聚集，这些站点通过一条经过认证的隧道互联。另外，由于原始 IP 报文被隐藏在新的 IP 报文有效负载中，并与相同站点之间的其他通信一起被多路传输，若攻击者要进行通信量分析则更加困难。新的 IP 报头的协议字段值为代表 AH 协议的 51，在 AH 报头的后续报头字段中包含的值是代表 IP 的值，如 4 代表 IPv4。

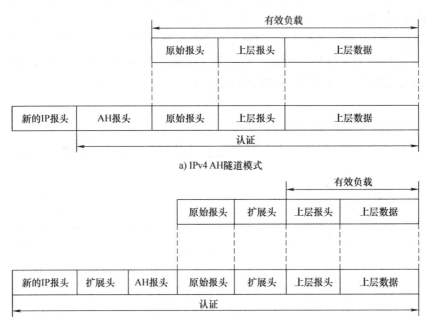

图 5-5　IPv4 和 IPv6 的 AH 隧道模式

4. 封装安全有效净荷

（1）报头结构

IPSec 的封装安全有效负载（Encapsulating Security Payload，ESP）协议通过加密以及可选的 IP 报文重发保护，提供了身份认证和数据机密性。通常情况下，如果需要机密性，那么也需要身份验证，因为没有身份认证的机密性可能使通信遭受某种形式的主动攻击。通过加密来实现机密性，用于一个特定 IP 报文的加密算法是由 SA 通过报文被送到何处来规定的。每个报文必须携带足够的信息来建立加密的同步，以允许解密正常进行，其报文格式如图 5-6 所示。从图中可以看出，与 AH 报头不同的是，ESP 的字段分布在整个 IP 报文中，包括报头、报尾以及 ESP 验证段。并且 ESP 报头跟随在稍加修改的原始报头之后，ESP 报尾紧随在原始 IP 报文的尾部，ESP 验证段紧跟在 ESP 报尾。如果不需要提供认证功能，则不需要额外附加的 ESP 验证段。如果应用了加密，从有效负载到 ESP 报尾的所有内容都要进行加密。

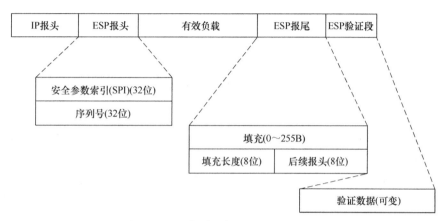

图 5-6　ESP 报头、报尾以及验证段格式

ESP 报头由 SPI 与序列号组成，两个字段长度均为 32 位，其含义与 AH 报头中的字段一致。ESP 报尾主要由变长的填充字段、填充长度以及后续报头组成。变长的填充字段用于把数据填充到 4B 的整数倍，或者是其他适合于加密算法的字节数，以便进行加密，从而满足 IP 报文的对准要求。填充长度字段规定了填充的长度，以便在数据解密之后，能够去除填充部分。

需要注意的是，任意附加的填充可能隐藏原始有效负载的真实大小。这是因为添加 ESP 报文、填充字段以及验证数据字段之后，新产生的报文将比原始报文大。如果原始报文的大小已经达到或者接近了路径的最大传输单元，新产生的报文将可能被分段。但是 ESP 处理仅用于整个 IP 报文，而不能用于分段的 IP 报文，如果一个 IP 报文被分段，安全网关必须在进行处理之前重组整个 IP 报文。

（2）传输模式

通过将 ESP 报头插入原始 IP 报头与有效负载之间，由原始 IP 报文构造新的 IP 报文，如果有必要，还可附加 ESP 报尾和 ESP 验证段，如图 5-7 所示。如果原始 IP 报文已经有了 IPSec 安全报头，新的 ESP 报头将被放置在它们之前（如在 SA 包中）。由于使用原始报头，IP 报文的源地址与目的地址不能改变，因此 ESP 的传输模式同样只能用于主机之间。图 5-7 中的有效负载字段包含了 ESP 将保护什么。当使用加密时，有效负载字段可能包含加密同步要求的附加数据结构，如某些加密算法使用的初始化向量 [RFC 2405]。传输模式非常适用于不必隐藏或者认证源和目的 IP 地址的场景。与 AH 为整个 IP 数据报提供保护相比，ESP 仅对有效负载提供保护，而不对原始 IP 报头或者 ESP 报头提供保护。

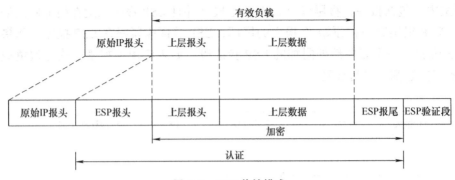

图 5-7　ESP 传输模式

（3）隧道模式

通过在原始 IP 报文的开始部分添加一个新的原始 IP 报头和 ESP 报头，以及在结尾部分附加 ESP 报尾和 ESP 验证段，实现 ESP 的隧道模式，如图 5-8 所示。如果隧道位于两个安全网关之间，新的 IP 报头中的地址将反映网关的地址。在安全网关之间的隧道模式中运行 ESP 能够为两个网关之间的通信提供机密性和身份认证，因为原始 IP 报头位于新的 IP 报文的有效负载内，所以攻击者很难观测到通信双方的真实地址。

图 5-8　ESP 隧道模式

5. 互联网密钥交换（IKE）

虽然 IPSec 的 ESP 协议和 AH 协议规定了如何根据 IPSec 设备之间协商的 SA，将数据安全服务应用于每个 IP 报文，但是没有具体说明 SA 如何协商密钥。IPSec 的密钥管理涉及确定和分发保密密钥，通常密钥的分发可采用自动和手工两种方式。手工方式主要通过人工配置，适用于小规模的静态环境。自动方式按需为 SA 创建密钥，并通过密钥发布协议协商密钥，适用于大型分布系统。

互联网密钥交换（IKE）协议作为 IPSec 协议簇的成员，主要解决密钥管理的问题。该协议基于互联网安全关联和 ISAKMP（密钥管理协议）定义框架，基于 OAKLEY 协议确定密钥交换模式，基于 SKEME 协议确定密钥更新模式，最终实现具有自身特色的验证和加密材料生成技术，以及协商共享策略。其中 ISAKMP 定义了两个通信对等体如何能够通过一系列的过程来保护它们之间的通信信道，为两个对等体提供互相验证、交换密钥管理信息以及协商安全服务的手段。

OAKLEY 密钥确定协议描述了一系列密钥交换，并详细描述了每种交换所提供的服务，如密钥的转发保密、身份保护以及认证。SKEME 协议描述了一种功能多样的密钥交换技术，提供匿名和快速密钥刷新。

ISAKMP 信息由一个 ISAKMP 报头以及 UDP（端口 500）报文中的一个或多个 ISAKMP 有效负载连接在一起组成，如图 5-9 所示。发送者 Cookie 以及应答者 Cookie 是 ISAKMP 对等体产生的特殊值，用于提供对拒绝服务攻击的保护，在这种攻击中，攻击者可能设法产生大量伪造的 ISAKMP 信息并使 ISAKMP 处理器瘫痪。Cookie 通过允许 ISAKMP 丢弃伪造报文来提供某些保护，在成功完成协商后，两种 Cookie 也被用于标识在两个 ISAKMP 对等体之间的安全关联。

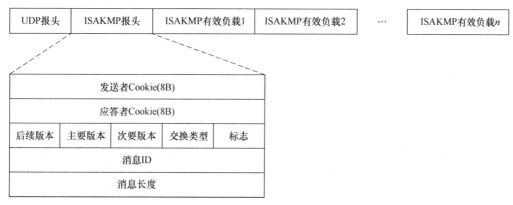

图 5-9　ISAKMP 信息格式

ISAKMP 在安全关联的协商过程中定义了两个阶段。第一阶段是在两个 ISAKMP 对等体之间的协商。在这个阶段中，两个对等体就如何保护它们之间通信达成一致，并建立一个 ISAKMP 安全关联，需要完成身份验证和密钥信息交换。虽然被称为"安全关联"，但与前面讨论的 IPSec 的 SA 不同，一个 ISAKMP 的 SA 是双向的，且不适用于 IPSec 通信。在第二阶段中，对于服务的安全关联在两个 ISAKMP 对等体之间进行协商。由于对等体之间的通信信道已经是安全的了，所以后续协商将进行得更快。在多数情况下，一个安全网关将代表它保护的主机协商 IPSec 的 SA。为了减少协商的开销，一个 ISAKMP 的 SA 可能被用来协商多个 IPSec 的 SA。

（1）第一阶段协商

当第一阶段协商 SA 时，IKE 定义了两种模式：主模式和积极模式。主模式的信息交换如图 5-10 所示。在 IKE 第一阶段主模式交换中有三个协商回合。在第一个回合中，一个 ISAKMP 实体（发送者）发送多个 SA 提议到其他实体（应答者）。应答者选择一个提议，并把它送回发送者。在第二个回合中，两个对等体交换它们的密钥、参数以及被称为 Nonce 的随机数值（仅被使用一次，用于防止重发攻击）。在第三个回合中，所有被交换的信息通过三种验证机制（共享密钥、数字签名或公共密钥加密）之一进行验证。

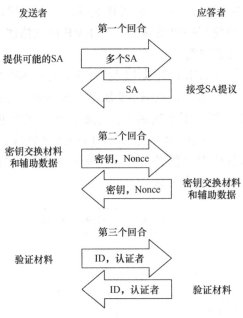

图 5-10　IKE 第一阶段主模式交换

当采用共享密钥机制时，两个对等体使用一个共享密钥来创建关键散列值，随后在两个对等体之间交换关键散列值并充当认证者。第二种验证机制是数字签名，发送者和应答者之间的验证是通过协商实体的数字签名而实现的。两个对等体交换它们身份的数字签名、公共密钥值以及 SA 提议。第三种验证机制是公共密钥加密，两个对等体交换使用它们的 ID 和 Nonce 进行加密的公共密钥，同时也交换一个关键散列值。

在积极模式中，如图 5-11 所示，SA 提议、密钥交换参数、Nonce 以及身份信息都在一条信息中进行交换，并且在发送者和应答者之间交换的验证信息也没有加密。

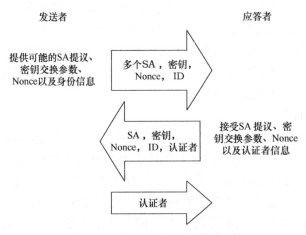

图 5-11　IKE 第一阶段积极模式交换

（2）第二阶段协商

第二阶段协商是在第一阶段建立的 IKE SA 基础上，确定 IPSec SA。因为在第一阶段中已经建立了一条安全信道，所以实现较快，被称为快速模式，如图 5-12 所示。在第一阶段已经验证了 IKE 对等体的身份，ISAKMP 的 SA 已经对 IKE 对等体之间的交换进行了保护。因此，通过快速模式的身份不是 IKE 对等体的身份，而是在 IPSec 安全策略数据库中使用的选择开关的身份。当协商第二阶段 SA 时，需要第一阶段 ISAKMP 的 SA。一旦第二阶段 SA 建立了，即使第一阶段的 SA 遭到了破坏，它也能不依赖于第一阶段的 SA 而存在。

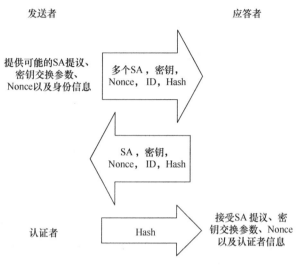

图 5-12　IKE 第二阶段快速模式交换

5.1.2　防火墙

防火墙最早是指古代为防止木质结构房屋发生火灾时火势蔓延较快，将坚固的石块堆砌在房屋周围形成的屏障。计算机网络中的防火墙通常是指内部网络与外界网络之间的一道防御系统，可以将不安全的非信任网络（因特网或有一定危险的网络）与被保护的内部网（局域网）隔离开，同时不妨碍内部网对非信任网络的访问。在逻辑上，防火墙是一个分离器，一个限制器，也是一个分析器，有效地监控了内部网和互联网之间的任何活动，保证了内部网络的安全。防火墙的实现形式很多，本节重点讨论包过滤防火墙、应用级网关和状态监测防火墙。

1. 包过滤防火墙

包过滤防火墙根据数据报报头中的源地址、目的地址、协议类型、源端口和目的端口等信息，按照给定的过滤规则判定是否允许数据报通过，例如将某一 IP 地址的站点设为不适宜访问，则由这个地址发送的所有信息均会被防火墙屏蔽。图 5-13 给出了包过滤路由器型防火墙的示意图，该路由器以数据报头为基础，按照配置的规则将数据报分类。这些规则指定某种类型的数据报是被转发还是被丢弃，也被称为访问控制列表（Access Control List，ACL）。ACL 中的策略可能包括拒绝来自某主机或者某网段的所有连接、拒绝来自某主机或者某网段的制定端口的连接、允许来自某主机或者某网段的所有连接、允许来自某主机或者某网段的制定端口的连接等。

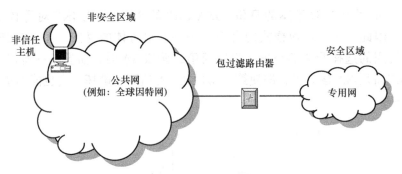

图 5-13 包过滤路由器型防火墙示意图

包过滤防火墙为用户提供了一种透明的服务,且处理速度较快,易于维护。由于包过滤防火墙工作于网络层,导致其不能对数据报进行更高层的分析和过滤,容易遭受 IP 欺骗攻击,其所能提供的安全性有限。另外,包过滤防火墙状态感知能力较弱,对合法用户与非法用户访问行为上的差异较难识别,导致高效 ACL 规则表的创建与测试较为困难。

2. 应用级网关

应用级网关也被称为代理服务器,通常运行在两个网络之间,适用于特定的互联网服务,如超文本传输(HTTP)、远程文件传输(FTP)等。当代理服务器接收到用户对某站点的访问请求后,首先检查该请求是否符合规定,如果规则允许用户访问该站点,代理服务器将从站点取回所需信息再转发给用户。非信任主机从外部只能看到代理服务器的相关信息,而无法获知任何的内部资源,例如用户的 IP 地址等。图 5-14 为应用层中继防火墙的示意图。专用网中的主机与防火墙建立连接,将应用层数据发送给防火墙。防火墙用一个与最终目的地的新连接将应用层数据中继出去。图中的两个路由器都由 ACL 配置为只允许与中继主机的通信,不允许专用网和公共网之间任何直接连接的数据报通过。

与单一的包过滤防火墙相比,应用级网关更为可靠,而且能够详细地记录所有的访问状态信息。但是应用级网关不允许用户直接访问外部网络,会导致访问速度变慢,并且需要对每一个特定的互联网服务安装相应的代理服务软件,用户不能使用未被服务器支持的服务。

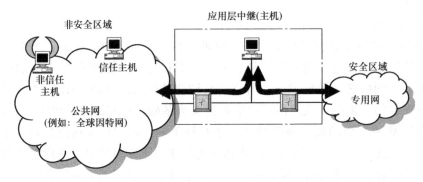

图 5-14 应用层中继防火墙的示意图

3. 状态监测防火墙

状态监测防火墙通过在网关上执行网络安全策略，也称为监测引擎来获取较好的安全特性。在不影响网络正常运行的前提下，监测引擎通过抽取有关状态信息对网络通信的各层实施监测，并将状态进行动态保存，作为后续执行安全策略的参考。监测引擎支持多种协议和应用程序，并具备较好的应用和服务扩展性。与前两种防火墙不同的是，当用户访问请求到达网关的操作系统前，状态监视器要抽取有关数据进行分析，结合网络配置和安全规定做出接纳、拒绝、身份认证、报警或给该通信加密等一系列处理动作。一旦某个访问违反安全规定，就会被拒绝，并上报有关状态作为日志记录。另外，状态监测防火墙能够监测无连接状态的远程过程调用（RPC）和用户数据报（UDP）之类的端口信息，而包过滤防火墙和应用级网关则不支持此类应用。但该防火墙的配置较为复杂，且会降低网络的速度。

5.1.3 VPN

使用防火墙的一个目的就是构筑虚拟专用网（Virtual Private Network，VPN），即在公共网上建立专用网络的技术。例如，许多机构希望能够通过因特网实现分布在各地的子机构专用网互联，同时，保证本机构内部专用网的安全性不受损。但是由于因特网是公共网，必须采用特殊的机制来保证安全。在 VPN 中，"虚拟"是指整个 VPN 的任意两个结点之间的连接并没有传统专用网所需的端到端的物理链路，而是架构在公共网服务商提供的网络平台之上的逻辑网络。"专用"是指保持数据或传输数据行为的机密性，确保只有指定的接收者能够接收它。VPN 可以用任意类型防火墙构造，图 5-15 为通过应用层中继防火墙为授权用户提供通过公共网访问专用网的密码安全方法。此时防火墙按照下面步骤处理来自公共网的数据报。

1）如果数据报通过隧道到达防火墙，并且具有有效认证，那么将数据报从隧道取出，并透明路由至专用网中的目的结点。

2）否则，将数据报提交给应用层中继做相应处理。

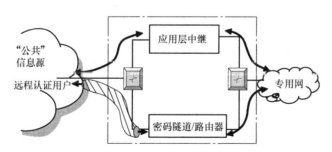

图 5-15 远程认证用户通过安全隧道型防火墙访问专用网

图 5-15 所示的安全隧道由 IP 认证报头和 / 或 IP 封装安全净荷来实现。前面提到的安全策略允许授权用户（指对防火墙提供认证的用户）像内部直接连接一样访问专用网。对于非授权用户（指不能提供认证的用户），将数据报提交给应用层中继。

图 5-16 给出了一个利用防火墙构建 VPN 的示意图,从图中可以看出,VPN 通过各个物理网络边缘上的安全隧道防火墙之间的认证加密隧道构成。防火墙只允许那些经过另一个防火墙认证和加密的数据报通过,从而保护内部专用网络。假定主机 1 此时需要与主机 2 进行通信,其流程如下:

- 主机 1 生成一个 IP 数据报,其源地址为主机 1 的 IP 地址,目的地址为主机 2 的 IP 地址。
- 主机 1 发送的数据报最终将转发到防火墙 1 上。
- 防火墙 1 为该数据报加上一个 ESP 报头,实现对原来的 IP 报头和净荷的加密。这里假设加密算法除了机密性外还提供了认证和完整性检查。
- 防火墙将 ESP 报头和经过加密的原始数据报一起放入一个新的 IP 数据报的净荷部分,新的 IP 数据报的源地址为防火墙 1 地址,目的地址则为防火墙 2 地址。
- 新的数据报通过因特网传送,最终被防火墙 2 接收。
- 防火墙 2 检查最外层的 IP 报头和 ESP 报头,报头中的安全参数索引域通知防火墙 2 如何处理接收到的密文,防火墙 2 对数据报进行解密、认证和完整性检查。
- 如果数据报通过了认证,防火墙 2 将去除 ESP 报头,恢复出原始的 IP 数据报。
- 防火墙 2 将数据报转发至主机 2 处。

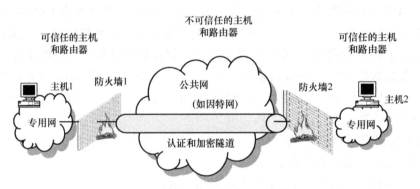

图 5-16 利用防火墙构建 VPN 的示意图

5.2 移动 IP 的安全威胁

5.2.1 网络安全性及其实现

安全性是移动 IP 应用的基础,通常是指保护计算机、网络资源以及信息不受非授权访问、修改和破坏。IP 安全架构 [RFC 1825] 中对安全特性的解释如下:

- 机密性(Confidentiality):只能被授权成员解码的数据变换。
- 认证(Authentication):证明或者否认什么人或者什么事物自己宣称的身份。
- 完整性检查(Integrity Checking):确保数据只要没有检测到更改,就肯定没有被篡改。
- 不可抵赖(Non-Repudiation):证明一些数据源确实发送了这些数据,尽管事后发送者可能会否认该行为。

下面分别举例说明如何实现上述安全特性。

1. 加密

加密是网络安全中最常用的技术，用以保护通过公共网通信用户的数据安全，可以采用秘密密钥算法或公开密钥算法实现。如果 A 和 B 希望使用秘密密钥算法进行机密通信，首先必须商定一个密钥 K_{AB} 以及使用的加密算法。一旦确定了密钥和算法，就可以开始交换加密后的数据，加密后的数据只有对方才能解密，如图 5-17 所示。其中 E 表示加密。

图 5-17　秘密密钥加密示意图

如果 A 和 B 想使用公开密钥算法来进行机密通信，前提是必须知道对方的公钥 P_B 或 P_A。注意公钥可以在网络中以明文的方式分发。除此之外，还必须商定使用的公开密钥加密算法。与秘密密钥算法一样，公开密钥算法的强度取决于本身的数学特性。一旦 A 和 B 获得了对方的公钥，并且商定了使用的加密算法，就可以开始交换加密数据，只有对方才可以解密，如图 5-18 所示。需要注意的是，只有 A 拥有其私钥 S_A，也只有 A 能解密 $E\{P_A, 明文2\}$，而其他用户，尽管拥有 A 的公钥 P_A，但由于没有 S_A，不能够对密文进行反变换得到明文。

图 5-18　公开密钥加密示意图

2. 认证

认证是证明或者否认什么人或什么事物自己宣称的身份的过程。当多用户共享资源时，服务器通常需要检查用户是否有权限访问某个资源，即授权（Authorization）。认证同样能够通过秘密密钥算法或公开密钥算法实现。A 和 B 使用秘密密钥算法互相认证过程如图 5-19 所示。首先商定使用的算法，并且确定一个共同的秘密密钥。A 通过让 B 加密某个随机数来认证 B 的身份，反之亦然。

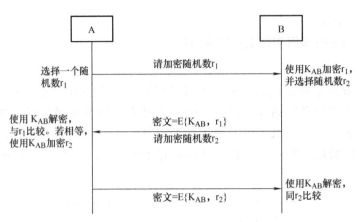

图 5-19 秘密密钥认证示意图

从图中可以看出，A 选择了第一个随机数 r_1 发送给 B。B 收到 r_1 后，对其使用共享密钥 K_{AB} 进行加密。然后选择另外一个随机数 r_2，并将其与加密后的 r_1，即 $E\{K_{AB}, r_1\}$ 一起发送给 A。A 将 $E\{K_{AB}, r_1\}$ 解密，并与发送给 B 的随机数 r_1 进行比较。如果两个数相等，那么发送消息的人必定知道密钥 K_{AB}，也就是说，消息的发送者证明了接收者知道该密钥。由于只有 A 和 B 拥有该密钥，因此 A 得出结论 B 是可能发出消息的唯一人，从而实现了 A 对 B 的认证。后续的消息交换是为了 B 完成对 A 的认证。B 将自己的随机数 r_2 包含在第二条消息中。A 使用 K_{AB} 对 r_2 进行加密，结果为 $E\{K_{AB}, r_2\}$，并将结果发送给 B，B 解密后得到的值，如果与 r_2 相同，则 B 就相信是 A 发送的消息。

在公开密钥加密过程中，由于每个人都可能知道 A 的公钥，所以均可以发送加密信息给 A；然而，只有 A 知道自己的私钥，所以只有 A 才能解密这些消息。但是，对于认证来说，由于每个人都知道 A 的公钥，所以每个人都可以验证 A 提供的认证消息；因为只有 A 知道自己的私钥，所以只有他自己才能产生认证消息来证明自己的身份。综上，公开密钥认证和公开密钥加密的机理一样，只是密钥的角色正好相反。如果 A 希望对 B 提供认证，他可以使用自己的私钥对一段明文消息进行变换，然后将加密的结果发送给 B，如图 5-20 所示。B 使用 A 的公钥 P_A 对收到的密文进行相应的变换来验证消息。如果变换产生了预期的结果，则 B 知道只有拥有相应私钥的人才有可能产生上述密文。因为 A 是知道该密钥的唯一人，这样就完成了 B 对 A 的认证。同理，如果 B 想为 A 提供认证的话，同样可以使用自己的私钥对一段明文进行变换，然后 A 会使用 B 的公钥来对这段密文进行验证。

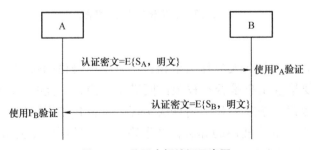

图 5-20 公开密钥认证示意图

3. 完整性检查

完整性检查是确保数据只要没有检测到更改，就肯定没有被篡改，一般通过消息摘要（Message Digest）实现，同时消息摘要还能够实现认证。通过对任意长的一块数据（如一条消息），计算出一个固定长度的较小数据块，即为消息摘要。产生消息摘要的快速加密算法一般为单向杂凑函数，该函数能够由任意长度的信息生成定长的随机数，并且不能逆推出源信息。和加密算法一样，消息摘要算法的坚固性（即寻找不同消息产生相同消息摘要的困难程度）取决于它的数学特性，而不是算法本身的保密。

如果 A 和 B 希望使用消息摘要算法通过秘密密钥算法互相认证，他们首先必须商定使用的算法以及密钥，其过程如图 5-21 所示。从图 5-21 中可以看出，A 产生了第一个时间戳 $timestamp_1$（时间戳是指对当前时间和日期进行编码的一小段数据），然后将它附在密钥后面，一起计算得出消息摘要。其中，MD{ } 表示对括号中的数据计算消息摘要，$MD\{K_{AB}|timestamp_1\}$ 表示对密钥 K_{AB} 和时间戳 $timestamp_1$ 联合计算消息摘要。同时 A 将自己的时间戳（$timestamp_1$）和消息摘要传送给 B。B 将时间戳附在保存的密钥 K_{AB} 后，然后计算消息摘要，并和收到的消息摘要进行比较验证，如果一致，B 就认定是 A 发送的消息，因为其他人几乎不可能在不知道密钥的情况下得出正确的消息摘要。同理，B 生成自己的时间戳 $timestamp_2$，附在密钥 K_{AB} 后，计算第二个消息摘要，并和时间戳 $timestamp_2$ 一起发送给 A。A 用同样的步骤来验证收到的消息摘要，从而实现 A 和 B 之间的互相认证。

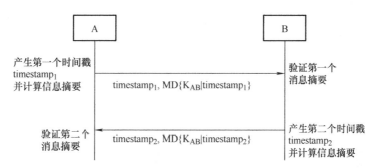

图 5-21 消息摘要算法

值得注意的是，时间戳的存在是为了防止攻击者将 A 发出的数据报存储下来然后再发送给 B。如果 B 收到这样的数据报，可以通过检查时间戳来判定该数据报是否足够"新"。如果不够，则丢弃。时间戳实现了"重发保护（Replay Protection）"，也就是防止攻击者先存储有效数据报，然后再发出来实施攻击。使用消息摘要算法通过公开密钥算法认证的过程与秘密密钥类似，只是加密密钥和解密密钥不同，在这里就不再给出具体过程。

4. 不可抵赖性

使用某个人的私钥进行公开密钥运算来提供认证，非常像手工签上自己的名字。因此，使用一个私钥对一段明文消息进行公开密钥变换，又称为对该消息进行签名，签名结果的密文称为数字签名。在秘密密钥体制中，双方或多方必须都知道密钥才能进行通信，即秘密密钥的拥有者是多个，无法形成个人独一无二的数字签名。但在公开密钥体制中，只有自己才知道自己的私钥，所以才能产生个人独一无二的数字签名。这样，数字签名带来了另外一个安全功能——不可抵赖性。由于数字签名只能从知道私钥的人那里发出，也就是说，私钥的持有者不能事后否认曾经发出该数字签名。若对一段明文消息产生的数字签名中再包含时间戳，就可以提供本节谈论过的特性：机密性、认证、完整性检查和不可抵赖。

5.2.2 移动 IP 的安全威胁与防范措施

移动 IP 中的安全威胁主要来自移动环境和协议自身两个方面。一是移动环境，在多数情况下，移动主机通过无线链路接入因特网，导致信息容易遭受被动偷听以及主动会话窃取攻击等；另外，移动结点所在的外地网络也不一定是可信网络。二是移动 IP 在协议初始化阶段，需要进行一定的信令交互后，才能正常通信，例如移动 IPv4 中的代理发现、注册请求/应答等，这些交互信令需要具备一定的安全防护能力。

1. 注册中的拒绝服务攻击

以移动 IPv4 为例，注册的主要目的是让移动结点将转交地址通知给家乡代理，家乡代理根据转交地址把目的地址为移动结点地址的数据报通过隧道发送给移动结点。当攻击者发出一个伪造的注册请求，把虚假 IP 地址注册为移动结点的转交地址，通信对端发出的所有数据报都会被移动结点的家乡代理通过隧道发送给攻击者，而不是移动结点，如图 5-22 所示。与固定主机不同，若攻击者要中断两台固定主机之间的通信，一般必须位于两台主机之间的路径上，而在移动场景下，攻击者可以从网络的任意一个角落进行攻击。

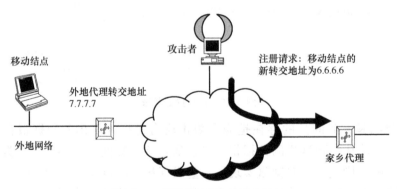

图 5-22 假冒移动结点的转交地址

移动 IP 要求移动结点和家乡代理之间交互的所有注册消息都必须进行认证，有效地认证确保攻击者几乎不可能产生一条伪造的注册请求消息而不被家乡代理识破。移动 IP 允许移动结点和家乡代理采用约定的任何认证算法，但必须支持"Keyed MD5"作为默认算法，即利用 MD5 消息摘要算法 [RFC 1321] 来提供密钥认证和完整性检查功能。移动结点产生的注册请求消息中，包含固定部分和移动-家乡认证扩展，移动结点填写消息和扩展部分中除认证域外的所有其他的域，认证域为空白，然后利用它与家乡代理知道的共享秘密密钥,对包括移动-家乡认证扩展在内的所有扩展(即类型、长度和安全参数索引域),计算得出 MD5 消息摘要(16B),如图 5-23 所示,并将该消息摘要放入移动-家乡认证扩展的认证域,完成注册请求消息的组装,发送给家乡代理。

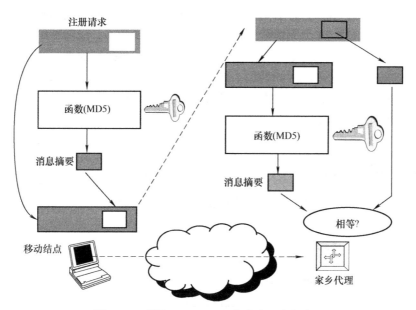

图 5-23　利用 Keyed MD5 产生注册消息认证

当注册请求消息到达家乡代理后,家乡代理利用它和移动结点共有的秘密密钥以及注册请求消息的各个域计算消息摘要,然后将计算结果与接收到的认证域相比较,如果相等,家乡代理明确是移动结点发出了注册请求消息,并且该消息在传送过程中没有被更改。移动 IP 的认证扩展同时提供了认证和完整性检查。

家乡代理向移动结点返回注册应答消息时的过程正好相反。家乡代理计算注册应答消息和密钥的消息摘要,将消息摘要放在注册应答的认证域中,移动结点检查消息摘要完成对家乡代理的认证,并检查注册应答消息的完整性。

需要注意的是,移动-家乡认证扩展虽然防止了拒绝服务攻击,然而攻击者可以将一条有效的注册请求消息保存,然后经过一段时间再重发这条消息,从而注册一个伪造的转交地址。为防止这种重发攻击,移动结点为每一个连续的注册消息标识域产生一个唯一值,移动 IP 定义了两种填写标识域的方法。一种方法是时间戳,移动结点将它当前估计的日期和时间填写进标识域,如果和家乡代理估计的时间不够接近,那么家乡代理会拒绝这个注册请求,并向移动结点提供一些信息来同步它的时钟,这样移动结点后续产生的标识就会在家乡代理允许的误差范围内了。另一种方法采用 Nonce,此时移动结点向家乡代理规定了向移动结点发送下一个注册应答消息标识域的低半部分中必须放置 Nonce 的值,相似地,家乡代理向移动结点规定了在下一个注册请求消息标识域的高半部分中必须放置 Nonce 的值。如果接收到的注册消息中的标识域与期望值不符,家乡代理将拒绝,而移动结点则不理会。

2. 信息窃取

（1）被动偷听

攻击者通过偷听其他人的数据报，以窃取数据报中可能包含的机密和私有信息，称为被动偷听。防止被动偷听的方法是加密，可分为链路加密与端到端加密。

1）链路加密。图 5-24 为无线链路加密示意图，可以看出，当移动结点和外地代理之间采用无线链路时，在外地网络上交换的所有数据报均需要进行加密。这是因为偷听者不需要物理连接到链路上就可以接收数据，因此对无线链路上传送的数据报进行加密至关重要。然而链路层加密不能阻止偷听者在外地代理和通信对端之间的路径上偷听，它只能阻止偷听者在外地网络上偷听。

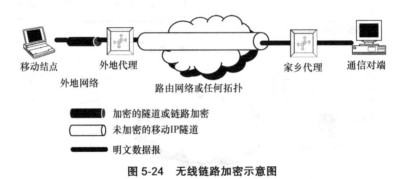

图 5-24 无线链路加密示意图

2）端到端加密。端到端加密是指在通信源对数据进行加密，在目的地对数据进行解密，而不只是在最后一段或第一段链路上对数据进行加解密，如图 5-25 所示。与链路加密相比，其优势包括在网络上的任意一点上，数据均得到了保护，而不只是在外地网络上。另外，只在通信源和目的地之间对数据进行变换，防止了通信过程中不必要的时延。因特网的应用中采用端到端加密的例子有安全外壳（Secure SHell，SSH）、安全复制（Secure remote file Copy，SCP）和安全套接字层（Secure Sockets Layer，SSL）（在许多安全站点和万维网浏览器上使用）。ESP 可以为不能支持加密的应用程序提供端到端的加密功能，它不仅能对应用层数据和协议报头加密，也能对传输层报头加密，从而防止攻击者推测运行的应用类型以及传输的数据。

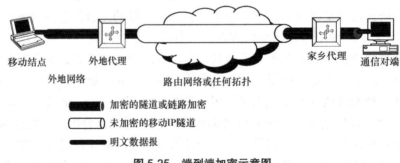

图 5-25 端到端加密示意图

（2）会话窃取攻击

会话窃取攻击是指攻击者等合法结点进行认证并开始应用会话后，通过假扮合法结点窃取会话。通常，攻击者必须发送大量的无用数据报来防止合法结点发现会话已被窃取。根据会话窃取攻击者所在位置的不同，可分为外地网络上的会话窃取和其他地方的会话窃取。

1）外地网络上的会话窃取及防范。假设攻击者位于移动结点的外地网络无线收发器的工作范围内，攻击者会等待移动结点向家乡代理注册，然后偷听移动结点是否开始了一个感兴趣的通信（如主机的远程登录会话或连接到它在远端的电子邮箱），通过向移动结点发送大量无用的数据报，占用移动结点 CPU 的全部时间；伪造移动结点发出的数据报，并截获发往移动结点的数据报，从而窃取会话。移动结点此时可能并不知道会话已被窃取，攻击者还可以窃取那些碰巧与移动结点连接在同一条链路上的主机的会话。这些主机包括没有使用移动 IP 的结点以及连接在家乡链路上的移动结点。

加密是防止会话窃取的主要手段，只有移动结点和外地代理才拥有对它们之间交换的数据进行加解密的密钥，而攻击者由于无法知晓密钥，就不可能产生移动结点和外地代理能正常解密的密文，或者无法从密文中解出明文。

2）其他地方的会话窃取及防范。如果攻击者没有连接到外地网络上，仍然可以发动会话窃取攻击。当然，这要求他必须从移动结点和通信对端之间的路径上的某一个点接入网络。此时，只在外地网络上采用的链路层加密不再有效，同时攻击者可以窃取他所连接的链路上的所有会话，而不再只是窃取移动结点的会话。此时，端到端加密相对有效，可以为网络上任意一点的数据提供保护。

5.3 防火墙外移动结点的安全性

5.3.1 移动结点穿越防火墙的假设和要求

若没有防火墙的保护，连接在因特网公共部分上的移动结点的安全性是无法得到保证的，此时可以将移动结点作为 VPN 的一个特例，通过将移动结点放进 VPN 中，从而为移动结点提供必要的保护，如图 5-26 所示。图中用来保护移动结点的"防火墙"并不是一个单独的设备，而是运行在移动结点上的一个软件模块，或者是添加在移动结点的操作系统中。此时，移动结点可以看成一个集成了防火墙的单一结点的专用网，只允许包含有效认证的数据报通过，这些认证可以放在 ESP 或 AH 里，任何不包含有效认证的数据报都会被移动结点丢掉。

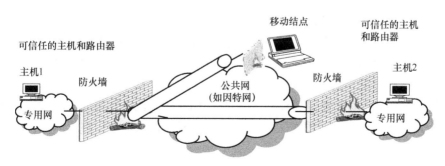

图 5-26 利用 VPN 技术保护移动结点

需要注意的是，此时移动结点扩展了物理专用网的安全边界，如果攻击者成功地对移动结点实施了攻击，那么他很可能通过移动结点攻击专用网上的其他主机。因此，必须确保所有移动结点上都有相应的软件将未经防火墙认证的数据丢掉。当移动结点需要穿越防火墙与专用网内部结点进行通信时，有以下假设：

- 移动结点所在的专用网受到安全隧道型防火墙的保护以免受攻击，可以通过 AH 或 ESP 报头实现，并采用因特网简单密钥管理协议（SKIP）或 ISAKMP/OAKLEY 完成密钥管理。穿越防火墙的策略基于从外面接收数据报的认证和完整性检查，并不要求防火墙理解移动 IP 的机制。
- 移动结点的外地网络位于因特网的"公共"部分，即在移动结点的外地网络和保护移动结点所属的专用网防火墙之间没有其他防火墙。这意味着外地网络本身与因特网之间没有用防火墙隔开，例如连接到 ISP 上的拨号链路、大学校园的以太网连接以及在商业展览或会议中的各个终端等。

移动 IP 对穿越防火墙的要求如下：

- 该方案必须能保护移动结点和专网免受被动的偷听攻击和主动的窃取（会话窃取）攻击，这至少要求在移动结点和防火墙之间有一条加密的隧道，同时还需要对加密隧道进行认证。
- 该方案不应要求防火墙必须实现或理解移动 IP，也不应要求防火墙本身是一个移动结点的家乡代理。
- 该方案能工作于移动结点的家乡代理和专用网的边界间存在额外防火墙的场景。例如，某机构的内部专用网防火墙将各部门进行隔离，不允许跨部门访问数据。

5.3.2 采用 SKIP 穿越防火墙

1. 参考模型

基于 SKIP 的防火墙穿越参考模型，如图 5-27 所示，从图中可以看出，移动结点位于因特网的公共部分，只有一个防火墙将它与家乡代理和专用网分开，这个防火墙实现了 IP AH、ESP 和 SKIP。为简化讨论，将忽略移动结点和家乡代理之间存在多个防火墙的情况，实际中可能存在多级加密和认证，但本节只考虑移动结点和防火墙之间的加密和认证隧道。为使移动结点能安全地穿越防火墙，应完成以下管理功能（可以由一个机构的网络或安全管理员来完成）。

1）移动结点必须配置得到防火墙 Diffie-Hellman 公共数值的方法。这种配置有两种方式，一种是直接方法，即移动结点直接配置了防火墙的 Diffie-Hellman 公共数值；另一种是间接方法，即向移动结点提供了一种利用经过证书权威机构证明的防火墙的公共数值进行认证。为简单起见，我们假设用直接方法。

2）防火墙同样必须配置得到移动结点的 Diffie-Hellman 公共数值的方法。假设采用手工配置，并且防火墙也同时配置了一些信息，只要移动结点可以提供有效的认证，就允许它穿越防火墙。

3）移动结点和防火墙中必须安装相应的硬件和软件，实现至少一种普通的秘密密钥认证算法以及一种普通的秘密密钥加密算法。在本节中，假设分别采用 Keyed MD5 认证 [RFC 1828] 和三重数据加密标准（Triple-DES）加密 [RFC 1851]。

4）移动结点和防火墙必须配置属于专用网的 IP 地址范围，以便移动结点能够判定当前自己所处的位置。

5）家乡代理也必须配置属于专用网的 IP 地址范围，以便家乡代理判定移动结点是否需要注册一个专用网外的转交地址。如果是，家乡代理必须改变其转发机制，设法将数据报通过隧道发送给防火墙，然后由防火墙再转发至移动结点的转交地址上。

图 5-27 防火墙穿越示意图

2. 注册规程

当移动结点连接在因特网公共部分的外地网络上时，假设在移动结点和它的家乡代理之间只有一个防火墙，其注册过程如下：

1）移动结点连接到外地网络上，通过 DHCP、PPP 的 IPCP 或手工配置得到一个配置转交地址。

2）移动结点检查自己的专用网地址列表，从而确定当前的转交地址是在因特网的公共部分。此时，移动结点判定自身位于专用网外部，必须穿越防火墙。

3）移动结点向家乡代理注册转交地址。因为移动结点的转交地址在专用网外部，因此必须通过安全隧道将注册请求交给防火墙。组装通过隧道封装的注册请求消息将在后续章节中详细阐述，最终注册请求消息各部分内容如下：

• 外层封装的 IP 报头：完成到防火墙的隧道。

• SKIP 报头：通知防火墙移动结点的身份，使得防火墙可以确定移动结点采用的加密和认证算法。

• AH 报头：用于向防火墙认证移动结点，并提供对整个数据报内容的完整性检查。

• ESP 报头：用于对消息的"数据"部分（即"常规的"注册请求消息）进行加密。

• 加密的注册请求消息：包括内层被封装的 UDP/IP 报头、请求消息的定长部分和移动－家乡认证扩展（Mobile-Home Authentication Extension）。

4）移动结点将经过安全隧道封装的注册请求消息转发给默认路由器，最终这条消息将被发送给防火墙。

5）防火墙利用 SKIP 报头中的域确定移动结点的身份，并进一步确定移动结点是如何对数据进行认证和加密的。其中 SKIP 向移动结点提供了一种向防火墙报告身份的方法，移动结点的 Diffie-Hellman 公共数值是基于家乡地址的，而不是数据报的 IP 源地址（移动结点的转交地址）。

6）防火墙验明 AH 报头中认证的有效性，然后对 ESP 报头的内容进行解密，从而恢复出"常规的"注册请求消息。如果认证无效，防火墙将记录这次错误，并将数据报丢弃，不再做进一步的处理。

7）防火墙检查解密后的注册请求消息，找到 IP 源地址，也就是移动结点的转交地址，发现这是一个专用网外部的地址。如果防火墙属于一个私有地址的机构，而且专用网中的路由器将丢弃采用外部地址的数据报，那么防火墙将注册请求通过隧道交给家乡代理。在这里，假设防火墙不必为这个隧道中的数据提供加密和认证。另外，如果该机构采用的是公用地址，那么防火墙只需简单地将注册请求消息转发给家乡代理，无须另建一个隧道。

8）家乡代理收到注册请求消息后，按移动 IP 中定义的规则对其进行处理。特别地，需要通过检查移动-家乡认证扩展的有效性验明移动结点的身份。

9）假设请求有效，家乡代理将向移动结点发送注册应答消息。同样，如果该机构采用的是私有地址，那么家乡代理必须确定 IP 目的地址（移动结点的转交地址）是否是一个外部地址。如果是，家乡代理必须通过隧道将数据报交给防火墙。家乡代理进行确认的一种方法是让移动结点在注册请求消息中加入一个防火墙穿越扩展（Firewall Traversal Extension），从而清楚地告知家乡代理，移动结点在防火墙外。

10）当注册应答消息到达防火墙时，防火墙识别出 IP 目的地址（移动结点的转交地址）是一个与它有安全关系的地址，于是通过安全隧道将注册应答消息交给移动结点。这个经过隧道封装的消息包含一个外层的 IP 报头、SKIP 报头、AH 报头、ESP 报头以及经过加密的注册应答。

11）移动结点利用 SKIP 报头来确定防火墙的身份，并确定如何对数据进行解密，以及如何检查 AH 报头中认证的有效性。如果认证失败，移动结点将记录这次错误，并将数据报丢弃，不再做进一步的处理。否则，如果认证成功，移动结点将依据移动 IP 定义的规则对解密后的注册应答消息进行处理。移动结点将通过检查移动-家乡认证扩展的有效性来验明家乡代理的身份。

一旦注册过程完成，家乡代理将接收送往移动结点家乡地址的数据报，并通过隧道将它们发送到转交地址上。

3. 经隧道封装的注册请求消息

图 5-28 给出了经隧道封装的注册请求消息格式。移动结点首先构造一条"常规的"注册请求消息。这条消息包括一个 UDP/IP 报头、一个注册请求消息的定长部分和一个移动-家乡认证扩展。"常规的"注册请求消息最终将被加密并加入 ESP 报头的净荷部分，该消息为图 5-28 下部用阴影标出的部分，其 IP 源地址为移动结点的转交地址。

然后移动结点将构造一个（外层）IP 报头、密钥和 SKIP 报头。在外层（隧道）IP 报头中，隧道入口（移动结点的转交地址）放在源地址域中，隧道出口（防火墙的 IP 地址）放在目的地址域中，协议域设置为 57，表明下一级报头是 SKIP 报头。随后，移动结点产生一个特定的密钥，并用这个密钥对经过隧道封装的消息进行认证和加密，其密钥产生过程如下：

第 5 章 移动 IP 的安全

```
 0                   1                   2                   3
 0 1 2 3 4 5 6 7 8 9 0 1 2 3 4 5 6 7 8 9 0 1 2 3 4 5 6 7 8 9 0 1
```

版本=4	报头长度	服务类型	总长度	
标识		标记	片偏移	IP 报头 [RFC 791]
生存时间	协议=57	报头校验和		
源地址=移动结点配置转交地址				
目的地址=防火墙地址				
版本=1	保留=0	源NSID=1	目的地NSID=0	下一级报头	SKIP 报头
计数器=0				
密钥类型=3	加密类型=2	认证类型=1	压缩类型=0	
密钥				
Source Master Key-ID=移动结点的家乡地址				
下一级报头=50	长度=4	保留=0		AH 报头 [Keyed MD5] [RFC 1828]
安全参数索引=1				
序列号				
信息摘要				
安全参数索引=1(即SKIP)				ESP 报头
初始矢量				
认证请求报文				

☐ =明文(未加密的域)
▨ =密文(加密的域)

图 5-28 经隧道封装的注册请求消息格式

1）移动结点将它的 Diffie-Hellman 秘密数值与防火墙的公共数值合在一起，产生一个共享的秘密密钥，用 K_{MF}（下标分别表示移动结点和防火墙）表示。

2）移动结点产生一个随机数，作为保护当前数据报的密钥，用 K_p 表示。

3）移动结点采用各种在 [RFC 6151] 中描述的与消息摘要有关的操作，从 K_p 中产生一个特定的认证密钥 A_K_p 和特定的加密密钥 E_K_p。

如图 5-28 所示，在 SKIP 报头中，按下面的规则填写各个域。

1）源 NSID（Source Name Space ID）域设置为 1，通知防火墙发送数据报的结点不是 IP 源地址中的结点，而是在 Source Master Key-ID（源主密钥 ID）域中定义的结点。因为假设移动结点的身份由本地 IP 地址指明，所以移动结点将它的家乡地址放在 Source Master Key-ID 域中。

2）目的地 NSID（Destination Name Space ID，Dest NSID）域设置为 0，通知防火墙（外层）数据报的目的地址是防火墙的地址。

3）下一级报头（Next Header）域设置为 51，表示 SKIP 报头后面紧跟的是 AH 报头。

4）计数器（Counter）域用于改变计算 K_{MF} 所需的 Diffie-Hellman 数值，此时设置为 0。

5）密钥类型（K_{MF}Alg）域设置为 3，用于通知防火墙如何恢复 K_p，以及最终如何恢复 A_K_p 和 E_K_p（分别用于认证和加密的两个密钥）。

6）加密类型和认证类型域设定的值表示为保护数据报的内容采用的是哪一种加密和认证算法，这里所用的分别是 Triple-DES 和 Keyed MD5。

7）压缩类型（CompAlg）域表示如果在加密和认证之前对数据进行压缩的话，采用的是哪一种压缩算法。

8）最后，K_p 用密钥类型域中定义的算法进行加密并放入标明的密钥域中。

移动结点构造了"常规的"注册请求消息、隧道（外层）IP 报头和 SKIP 报头后，就可以构造 ESP 报头和 AH 报头了。ESP 根据 [RFC 1851] 中定义的规则进行构造，安全参数索引域设置为 1，表明所用的加密算法在 SKIP 报头中已标明，一个合适的初始矢量放在相应的域中。下一级报头域设置为 4 表示加密的净荷是 IP 数据报（包括 IP 报头和净荷）。此时，整个净荷采用 Triple-DES 算法，用秘密密钥 E_K_p 进行加密，加密的各个域在图 5-28 中用阴影部分表示。

移动结点组装完成了图 5-28 所示的各个报头和净荷后，开始填写 AH 报头。同样，安全参数索引域设置为 1，表示所用的认证算法在 SKIP 报头中已标明。下一级报头域设置为 50，表示后续紧跟的是 ESP 报头。最后，对除了在传送过程中会改变的外层 IP 报头中的一些域（如生存时间域）外的整个数据报计算一个消息摘要，消息摘要采用 MD5 用 A_K_p 计算得到。最后，这条（最小）156B 的注册请求消息由移动结点通过外地网络转发给默认路由器，最终被路由到防火墙上，并进行认证和解密，然后"常规的"注册请求消息将被送给家乡代理。

当防火墙收到该注册请求消息后，通过处理 SKIP 报头和 IP 报头（外层），从而最终恢复出注册请求消息，步骤如下：

1）防火墙根据源 NSID 和 Source Master Key-ID 确定这个数据报的发送者，也就是移动结点的 Diffie-Hellman 公共数值应与移动结点的本地 IP 地址相对应，而不是与（外层）IP 数据报的源地址中表明的转交地址相对应。

2）防火墙将它的 Diffie-Hellman 秘密数值与移动结点的公共数值结合在一起，产生一个共享的秘密密钥 K_{MF}。

3）防火墙利用密钥类型域来决定如何将 K_p 解密出来，K_p 以加密的形式放在 SKIP 报头中。密钥类型域告知防火墙用哪种秘密密钥加密算法来对 K_p 进行解密，在解密操作中真正用到的密钥是在上一步中计算得出的 K_{MF}。

4）防火墙还需要用密钥类型域来从上一步中解密出来的 K_p 中恢复出 A_K_p 和 E_K_p。

5）防火墙利用加密类型域和认证类型域，加上 A_K_p 和 E_K_p，对 ESP 包含的内容进行解密，对 AH 报头中的内容进行认证。

4. 过程描述

采用图 5-28 描述注册请求过程，在实际应用不够简洁，可采用缩记方法来描述数据报。该标记方法的核心是对协议报头或净荷的名称进行简写,并将感兴趣的域及其取值写在方括号中,报头和净荷用垂直条分开;另外,最外层(最低层)的报头写在最左边,上层的报头和数据写在右边。举例如下:

1)IP[src=A,dst=B] 表明从主机 A 送往主机 B 的 IP 数据报(IP 数据报的内容则无关紧要)。

2)IP[src=MN,dst=HA] | UDP[dst=434] | RegRqst [lifetime=0] 表示一条从移动结点送往家乡代理的注册请求消息或注销消息。

3)IP[src=HA,dst=COA] | IP[src=CN,dst=MN] | TCP 表示一个数据报通过隧道从家乡代理发往移动结点的优选地址。内层的数据报为通信对端送给移动结点家乡地址的数据报,该数据报携带一个 TCP 报头与一些应用层数据。

4)IP | SKIP | AH | ESP | IP | UDP | RegRqst 表示图 5-28 所示的经过安全隧道封装的注册请求消息。值得注意的是,整个数据报都将被认证,但只有原始的注册请求消息经过加密。

采用缩写方法后,重新来分析一下网络中各处出现的注册请求消息和注册应答消息:

1)在移动结点和防火墙之间的公网中看到的经过安全隧道封装的注册请求消息"原始的"注册请求被加密,整个数据报进行了认证。数据报为:IP[src=COA,dst=FW] | SKIP | AH | ESP | IP | UDP | RegRqst。

2)在防火墙和家乡代理之间的专用网上看到的除去隧道封装并重新进行隧道封装的注册请求消息,防火墙剥去外层的 IP 报头、SKIP 报头、AH 报头和 ESP 报头,但将解密出来的数据报经过隧道送给家乡代理(因为内层的 IP 源地址为外部地址,必须向专用网的路由器隐藏这个地址)。数据报为:IP[src= FW,dst=HA] | IP[src=COA,dst=HA] | UDP | RegRqst。

3)在家乡代理和防火墙之间的专用网上看到的注册应答消息必须经过隧道封装,以向中间的路由器隐藏它的 IP 目的地址,并通过隧道送到合适的防火墙上(可能有许多个防火墙)。数据报为:IP[src=HA,dst=FW] | IP[src=HA,dst=COA] | UDP | RegReply。

4)在防火墙和移动结点之间的因特网公共部分看到的注册应答消息,防火墙对向移动结点的应答进行安全隧道封装,将 Destination Master Key–ID(目的地主密钥 ID)域置位来表示目的地址的身份是移动结点的家乡地址(而不是转交地址)。数据报为:IP[src= FW,dst=COA] | SKIP[dkeyid=MN] | AH | ESP | IP | UDP | RegReply。

5. 数据传输

前面说明了当存在安全隧道防火墙时,移动结点如何向家乡代理进行注册。在此将描述在移动结点注册后,数据在移动结点和通信对端之间是如何传送的,仍采用缩写方法。图 5-29 表明了在移动结点和它的通信对端之间数据报传送示意图,着重分析一下图中的各个隧道。移动结点按以下步骤向通信对端发送数据报。

1)移动结点产生一个包括 IP 报头和数据的 IP 数据报。例如,移动结点访问通信对端结点上的 Web 主页时,数据报为:IP[src=MN,dst=CN] | TCP | HTTP。

2)移动结点通过安全隧道将这个数据报交给防火墙。数据报为:IP[src=COA,

dst=FW] | SKIP | AH | ESP | IP | TCP | HTTP。

3）防火墙对数据报进行认证和解密，剥去外层的 IP 报头、SKIP 报头、AH 报头和 ESP 报头，恢复出第 1 步中的数据报，将它转发给通信对端。数据报为：IP | TCP | HTTP。

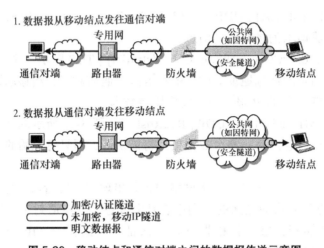

图 5-29 移动结点和通信对端之间的数据报传送示意图

由通信对端向移动结点发出的响应数据报按如下步骤经过家乡代理进行路由。

1）通信对端建立一个要送往移动结点的数据报，并将它发往移动结点的家乡网络。数据报为：IP[src=CN, dst=MN] | TCP | HTTP。

2）家乡代理截获这个数据报，并通过隧道将它送往移动结点的转交地址。家乡代理认识到转交地址是一个外部地址，因此必须加上额外一层隧道才能送给防火墙，以此向专用网上的路由器隐藏这个外部地址。数据报为：IP[src=HA, dst=FW] | IP[src=HA, dst=COA] | IP | TCP | HTTP。

3）防火墙剥去最外层的 IP 报头，发现数据报的目的地址是移动结点的转交地址。于是，防火墙经过安全隧道将数据报送给移动结点。数据报为：IP[src= FW, dst=COA] | SKIP | AH | ESP| IP[src=HA, dst=COA] | IP | TCP | HTTP。

4）移动结点对数据报进行认证和解密，并将外层的 IP 报头、SKIP 报头、AH 报头和 ESP 报头剥去，恢复出的数据报如下：IP[src=HA, dst=COA] | IP[src=CN, dst=MN] | TCP | HTTP。

移动结点对数据报进行隧道拆封，得到的原始数据报：IP[src=CN, dst=MN] | TCP | HTTP。

最后，移动结点将 TCP 和应用层数据交给协议栈的高层协议处理。

从上述分析中，可以看出，基于 SKIP 机制穿越防火墙，具有以下优势：

• 与 ISAKMP/OAKLEY 相比，利用 SKIP 穿越防火墙相对容易理解和易实现，比较适合于资源有限的移动结点。

• 在数据传送之前，移动结点和防火墙不必就安全参数进行协商或进行密钥交换，

SKIP 支持在线密钥方式，这对经常更换位置的移动结点是非常有效的。

其不足之处在于，在移动结点和防火墙之间的安全隧道上传送的每一个数据报均需要添加 SKIP 报头，使得每个数据报均额外增加了 20B 或更多字节。同时一些加密专家还认为，向攻击者公开通信中所用的加密和认证算法并不合适，而 SKIP 报头中恰恰指明了所采用的算法类型。

5.4 移动 IP 的认证、授权和记账（AAA）

5.4.1 AAA 的基本概念

认证（Authentication）、授权（Authorization）和记账（Accounting）是网络管理的重要内容，其中认证解决用户的身份问题，对用户宣称的身份进行验证，并且记录该用户的一些属性，比如角色、安全标识、组成员信息等。授权解决用户可以执行哪些操作、获得哪些服务，根据认证结果，用户请求的服务及系统状态决定用户特定权限的服务。记账管理对资源使用情况度量、定价并广播给用户。典型的记账信息包括用户标识、服务类型、服务起始结束时间。认证、授权和记账简称 AAA。用户一般通过与家乡域（Home Domain）协商网络的接入点，以获得接入因特网服务，用户的家乡域通常是 ISP 或其他完成服务请求的组织。随着移动设备的日益增多，用户希望能够方便地从他们的当前位置连接到任何域上，即一个用户可能经常需要访问不由家乡域的管理的资源，如外地域（Foreign Domain）的资源。外地域的服务提供者通常需要"授权"来保证与客户之间良好的关系，这又导致了"认证"，同时还有"记账"，可见 AAA 的各个功能紧密相关。

5.4.2 AAA 的一般模型

首先分析在不同管理域之间使用 AAA 服务的一般模型。在因特网中，属于一个管理域（家乡域）的客户需要使用另外一个管理域（外地域）提供的资源时，首先由外地域中的代理接受客户的请求，一般称该代理为服务点。在允许客户使用资源之前，代理通常要求客户提供可以认证的一些证书。在多数情况下，证书由家乡域颁发，并且只有家乡域才能够进行认证。

图 5-30 所示跨域 AAA 服务器的体系结构。当客户位于一个外地域并且需要使用该域中的资源时，首先需要向服务点出示相关的证书。服务点通常不能独立完成相应的认证工作，因而会请求本地 AAA 服务器（AAAL）来完成。AAAL 本身可能没有在本地存储足够的信息来验证客户的证书，但是，AAAL 能够与家乡 AAA 服务器（AAAH）协同来完成验证工作。AAAL 和 AAAH 如果建立了足够的安全关系和存取控制，那么无须其他 AAA 代理就能够互相协商，对客户进行认证和授权。在许多典型的案例中，授权只依赖于客户证书的安全认证。一旦从 AAAL 获得授权，并且 AAAL 已经将授权决定通知了服务点，服务点就可以向客户提供相应的服务。

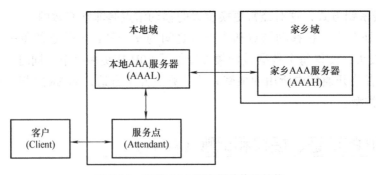

图 5-30 跨域 AAA 服务器的体系结构

要完成上述认证工作需要建立必要的安全关联，如图 5-31 所示。

1）客户和 AAAH 的安全关联：客户属于家乡域。

2）服务点和 AAAL 的安全关联：两者处于同一个管理域，应该已经建立或者在必要的生存时间内能够建立一个安全通道，用于交换敏感信息。

3）AAAL 和 AAAH 的安全关联：该安全关联对于两者之间互相依赖认证结果、授权和记账是必需的。

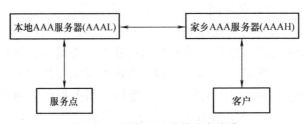

图 5-31 跨域 AAA 中的安全关联

5.4.3 AAA 在移动 IP 中的应用

AAA 应用到移动 IP 中，实现的功能应该包括：家乡域对移动结点的认证、外地域对移动结点的连接授权、外地代理启动的记账。

1. AAA 应用到移动 IP 中的要求

在移动 IP 中，已经定义了 3 种不同的认证扩展，即移动结点与家乡代理、移动结点与外地代理、外地代理和家乡代理。其中，移动结点与家乡代理之间的认证主要为了应对黑客攻击，这种攻击可能使一个非法结点截获发往移动结点的数据报。移动结点与外地代理之间的认证主要用于控制结点对网络资源的访问及确保对网络资源占用的安全计算。外地代理与家乡代理之间的认证也主要用于控制结点对网络资源的访问及确保对网络资源占用的安全计算，此外还决定哪些网络可被移动结点访问。

上述方案看似实现了所有认证关系，但仍存在一些问题，如外地代理和家乡代理、移动结点和外地代理之间缺乏密钥管理，这对移动结点在不同运营商控制的多个网络之间漫游时进行小区配置是个严重缺陷。为了实现全球漫游的认证，必须采用 AAA 机制。因此，IETF 的两个工作组，即 AAA 工作组和移动 IP 工作组，共同努力分析移动 IP 认证与 AAA 认证的相互作用。在移动 IP 中，AAA 除了实现普通的认证、授权和记账服务外，还必须完成以下功能：

- 一旦移动结点通过身份认证，就授权它使用移动 IP 以及某些特定服务。
- 初始化并允许移动 IP 注册认证。
- 为移动结点和移动代理分发密钥。

移动 IP 的基本功能是在 IP 网络上支持移动终端的漫游，因而，AAA 应用到移动 IP 中时，需要考虑 IP 网络的特点以及漫游的特性。

（1）AAA 漫游要求

要在移动环境下提供健全的服务，AAA 必须满足以下要求：

- 支持可靠的 AAA 传输机制。除了端到端重发保证可靠性外，还必须采取有效的逐跳重发和错误恢复机制。传输机制要能够通知 AAA 应用程序，有消息已经发送到下一个对等 AAA 应用程序或者是出现了超时。重发由可靠的 AAA 传输机制来控制，而不是由上层协议（如 TCP）来控制。即使收到的 AAA 消息的选项和语法与 AAA 不符，AAA 传输机制也应该向消息发送者确认该实体已经收到 AAA 消息。允许以捎带的方式进行 AAA 消息的应答。及时发送 AAA 响应，确保移动 IP 不会超时和重发。
- 尽量减少 AAA 处理所需要的往返次数。
- 传输路径上的每一跳都要能提供消息完整性检查和身份认证。
- 对于所有的授权和记账信息，提供重发保护和不可抵赖性功能。AAA 必须能够找出与记账信息相匹配的授权信息。
- 支持代理服务器的记账功能，为服务网络和家乡网络提供记账信息的交换。必须支持实时记账，所有的记账消息中必须包含时间戳。

（2）与 IP 连接相关的要求

如果采用 IP 进行网络连接，那么 AAA 服务需要根据用户提出的要求，为用户获得或者分配一个适当的 IP 地址。根据家乡域的策略，可能由家乡代理而不是 AAAH 来管理移动结点的 IP 地址分配。另外，AAA 服务器必须能够根据有别于用户 IP 地址的其他方法来标识用户，例如采用网络访问标识符（Network Access Identifier，NAI）来标识用户。一个移动结点可以在移动 IP 注册请求中包含 NAI 来标识自身。NAI 的格式为"user@realm"。使用 NAI 可以让 AAAL 更加容易判断出客户的家乡域（如"realm"）。

2. 移动 IP 中的 AAA

在移动 IP 中，移动结点可能在多个网络之间漫游，此时需要使用外地域的服务或者资源，移动结点可视为图 5-30 中的客户（Client），外地代理视为服务点（Attendant）。如果不存在外地代理（如在移动 IPv6 中），那么服务点的赞同功能应该由地址分配实体，如 DHCP 服务器来提供。将 AAA 服务器应用到移动 IP 时，为了实现在不同网络之间的无缝切换，AAA 处理的时间是一个需要考虑的重要因素。由于因特网通常会将 AAAL 和 AAAH 隔离，两者之间交换消息所需要的传输时间占到了 AAA 处理时间的一大半。若能够减少协议交换消息的次数，不仅要集成 AAA 本身的功能，而且需要将 AAA 功能和移动 IP 注册尽可能集成。被访问的 AAAL 和 AAAH 需要结合外地代理和家乡代理来处理注册消息。

图 5-32 给出了一种 AAA 基础结构支持的移动 IP 注册实体。阴影区表示附带网络实体所属的管理区域。每个管理区域包括一个或多个 AAAL 以及多个外地代理（FA）。不同区域的 AAA 服务器或者直接或者在内部操作网络的帮助下与代理相互作用。一个移动结点的"归属区域"包括一个或多个 AAAH 及家乡代理（HA）。当移动结点移动时，需要改变接入点。若新、旧外地代理同属一个管理区域，这种切换操作被称为小区内切换；若新、旧外地代理属于不同的管理区域，这种切换操作被称为小区间切换。

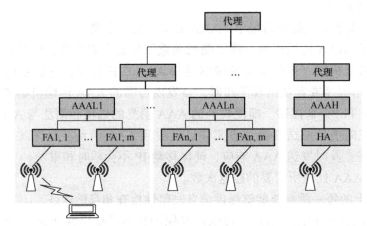

图 5-32　AAA 基础结构支持的移动 IP 注册实体

AAA/移动 IP 联合认证程序假设了一些静态的委托关系，如图 5-33 中实线所描述的，预先建立在以下关系之间，包括移动结点与 AAAH、外地代理与 AAAL、家乡代理与 AAAH、AAA 服务器与一个或多个 AAA 代理、不同的 AAA 代理之间以及 AAAL 与 AAAH。

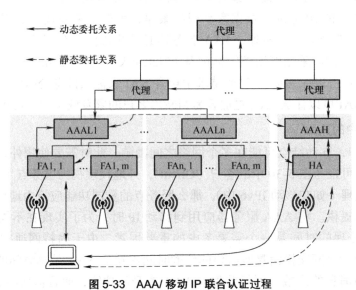

图 5-33　AAA/移动 IP 联合认证过程

通过使用上述静态委托关系，AAA/移动 IP 注册程序可以产生动态委托关系，图 5-33

中虚线所描述的，建立在以下关系之间，包括移动结点与家乡代理、移动结点与外地代理、外地代理与家乡代理。实现移动结点与其家乡代理之间动态委托关系的主要目的在于，当移动结点不考虑用来注册的家乡 IP 地址时，就允许家乡代理给移动结点动态分配地址。

联合 AAA/ 移动 IP 中的认证消息流如图 5-34 所示。

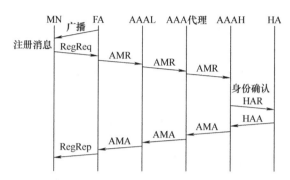

图 5-34　联合 AAA/ 移动 IP 中的认证消息流

联合 AAA/ 移动 IP 注册可通过运行以下规程：

1）所有外地代理周期性发送移动 IP 广播消息，消息内容包括：一个 NAI 扩展、一个携带了由外地代理新产生的任意数字 r_{FA} 的质询 - 应答扩展。

FA → MN：(Advertisement，…，NAI_{FA}，r_{FA})

2）移动结点将收到外地代理的 NAI 保存，生成一条移动 IP 注册消息，内容包括：外地代理任意数字、入网标识符及被 AAAH 检查的一个签名，并将这条注册消息发送给外地代理。

MN → FA：(RegReq，…，r_{FA}，NAI_{MN}，$Sig_{MN, AAAH}$)

3）外地代理生成一条 AAA 移动注册请求（AMR）消息，发给 AAAL，该消息内容包括移动结点请求消息。

FA → AAAL：(AMR，…，RegReq，…，r_{FA}，NAI_{MN}，$Sig_{MN, AAAH}$)

4）AAAL 或者利用 AAA 代理间接转发这条消息，或者直接发送给 AAAH，该操作可以通过评估所含的移动结点的入网标识符来决定。

AAAL → AAAH：(AMR，…，RegReq，…，r_{FA}，NAI_{MN}，$Sig_{MN, AAAH}$)

5）AAAH 检查签名 $Sig_{MN, AAAH}$，如果通过，AAAH 可推断是移动结点生成的注册消息。但需要注意的是，AAAH 不能推断消息的新鲜程度，这主要是 AAAH 本身不能产生随机数，无法判定注册消息何时产生。AAAH 生成一条家乡代理注册（HAR）消息，内容包括：移动结点原先的移动 IP 注册消息，一个用于移动结点和家乡代理间的通话密钥 $K_{MN, HA}$，还有一个用于外地代理和家乡代理之间的密钥 $K_{FA, HA}$，这两个密钥由共享密钥 $K_{AAAH, HA}$ 加密。此外，AAAH 包含的密钥 $K_{MN, FA}$、$K_{MN, HA}$ 被分给移动结点，并用与移动结点共享的秘密密钥 $K_{MN, AAAH}$ 加密。

AAAH → HA：(HAR，…，RegReq，…，NAI_{MN}，$\{K_{MN, HA}, K_{FA, HA}\}K_{AAAH, HA}$，$\{K_{MN, FA}, K_{MN, HA}\}K_{MN, AAAH}$，$Sig_{AAAH, HA}$)

6）收到这条消息后，家乡代理检查签名，用包含在该消息 RegReq 中的转交地址为移动结点注册，对两个通话密钥进行解密并保存。接着产生一条移动 IP 注册应答消息（RegRep），其中包括由 AAAH 提供的通话密钥以及家乡代理的签名 $Sig_{HA, MN}$。将 RegReq 消息插入家乡代理回答（HAA）消息，并发送给 AAAH，以确保移动结点注册成功。

HA → AAAH：(HAA, …, (RegRep, …, $\{K_{MN, FA}, K_{MN, HA}\}K_{MN, AAAH}$, $Sig_{HA, MN}$), $Sig_{HA, AAAH}$)

7）AAAH 生成一条 AAA 移动注册应答（AMA）消息，包括 HAA 消息中的 RegRep 消息。如果移动结点在家乡代理处注册成功，则 AAAH 还将包括为外地代理加密的通话密钥资料。对最后得到的消息做好标记，然后发往访问地的 AAA 服务器。

AAAH → AAAL：(AMA, …, r_{FA}, $\{K_{MN, FA}, K_{FA, HA}\}K_{AAAH, AAAL}$, (RegRep, …, $K_{MN, FA}, K_{MN, HA}\}K_{MN, AAAH}$, $Sig_{HA, MN}$), $Sig_{AAAH, AAAL}$)

8）访问网络的 AAA 服务器检查消息签名、解密、保存并为了与外地代理通信重新给通信密钥加密，然后将下面的消息发送给外地代理。

AAAL → FA：(AMA, …, r_{FA}, $\{K_{MN, FA}, K_{FA, HA}\}K_{AAAH, AAAL}$, (RegRep, …, $\{K_{MN, FA}, K_{MN, HA}\}K_{MN, AAAH}$, $Sig_{HA, MN}$), $Sig_{AAAL, FA}$)

9）收到这条消息后，外地代理检查其中的签名并对 AMA 消息进行处理。如果 AMA 消息标识了移动结点已注册成功，外地代理推断移动结点已经在第 2 步正确标识了它的随机数 r_{FA}。外地代理解密并保存其中的通话密钥 $K_{MN, FA}$、$Sig_{HA, MN}$ 及 $K_{FA, HA}$，接着将 RegRep 消息转交给移动结点。

FA → MN：(RegRep, …, $\{K_{MN, FA}, K_{FA, HA}\}K_{MN, AAAL}$, $Sig_{HA, MN}$)

10）移动结点首先利用与 AAAH 共享的秘密密钥，对由 AAAH 提供的通话密钥进行解密，保存获得的密钥，然后用密钥 $K_{MN, HA}$ 检查在第 6) 步中，由家乡代理生成的签名 $Sig_{HA, MN}$。若检查通过，则移动结点在外地代理处注册成功。如果移动结点以后需要重新注册，例如移动 IP 注册超时后，它可以用获得的通话密钥来为其注册消息签名。

移动结点切换到另一个新的外地代理的情况下，它也将试着用获得的通话密钥进行认证。为此移动结点用密钥 $K_{MN, FA}$ 给新的外地代理签上随机数质询 r_{FAnew}，并通过将正确的 NAI 扩展加进它的注册请求中来表明旧外地代理身份。此时的认证规程如下：

1）新外地代理周期性发送广播消息，其中包括它们的 NAI 和一个随机数质询。

FA → MN：(Advertisement, …, NAI_{FAnew}, r_{FAnew})

2）移动结点产生一条移动 IP 注册请求消息，其中包括收到的随机数、移动结点 NAI、旧外地代理的 NAI、一个要被家乡代理检查的签名及一个要被新外地代理检查的签名，该签名是用旧外地代理认证时获得的密钥进行签字的。

MN → FA：(RegReq, …, r_{FAnew}, NAI_{MN}, NAI_{FAold}, $Sig_{MN, HA}$, $Sig_{MN, FAold}$)

3）新外地代理产生一条包括移动结点注册请求消息的 AAA 移动注册请求消息，并将它发送给 AAAL。

FA → AAAL：(AMR, …, RegReq, …, r_{FAnew}, NA_{IMN}, NAI_{FAold}, $Sig_{MN, HA}$, $Sig_{MN, FAold}$)

4）AAAL 检查它能否将通话密钥 $K_{MN, FAold}$ 和 $K_{FAold, HA}$ 提供给新外地代理，如果可以，它就更新记录,并回复一条消息。

AAAL → FA:(AMA,…,r_{FAnew},{$K_{MN, FAold}$,$K_{FAold, HA}$}$K_{FAnew, AAAL}$,$Sig_{AAAL, FAnew}$)

5)收到这条消息后,新外地代理解密其中的通话密钥,并用 $K_{MN, FAold}$ 检查移动结点注册请求的签名 $Sig_{MN, FAold}$。若检查通过,便可按照常规移动 IP 注册规程进行。

思考题与习题

1. 请描述常用防火墙的种类与工作原理。
2. 请分析移动 IP 的安全威胁以及相应的措施。
3. 请解释 AAA 的基本概念。
4. 为确保防火墙外移动结点的安全性,需要采取哪些措施?

第 6 章

移动 IP 在互联网中的应用

在掌握了移动 IP 技术的工作机制和安全问题等基础知识之后，移动 IP 技术在实际网络中究竟如何应用，需要根据具体的网络结构以及与互联网的连接情况进行软件和硬件的升级配置。此外，在前面的章节中，仅考虑了移动结点移动的情况，而在许多实际应用场景中，还经常出现路由器发生移动的情况，或者更为复杂的路由器和结点同时移动，都需要对移动 IP 的工作机制进行优化设计。

本章首先介绍移动 IP 技术在独立园区内的应用方法，接着在此基础上介绍移动 IP 在与因特网连接的专用网中的应用方法，最后讨论移动 IP 在移动网络中的应用。

6.1 移动 IP 在独立园区内的应用

首先考虑在一个园区内移动 IP 技术的简单应用。"园区"这个词是泛指，可以包括从一幢大楼内的几间房间到整个大学或公司，其最主要的特征是：网络特别是路由结构完全由一个机构来管理。此外，假设这个园区的网络与全球因特网不相连，即假设为独立园区。本节我们分析在这样的一个园区中移动 IP 的应用方式，以及采用移动 IP 的好处。

1. 园区内部网概述

园区内部网是基于 TCP/IP 的一个专用网，它可以是全球因特网的一部分（通常用防火墙阻止攻击来保证安全），也可以是不和全球因特网相连的一个私有的网络。一个园区内部网就是一个专用网，它为一个公司的所有计算机提供连接。图 6-1 给出了一个独立园区内部网络，这个独立园区可能是一个大公司的园区，也可能是一个办公楼内属于一家公司的几间房间。

图中，公司的每个部门都有自己的局域网（LAN），包括部门的主机间通信用的一些物理媒介。考虑更为实际的情况，假设在这个网内有两种媒介：有线以太网和某些类型的无线局域网（WLAN）。在图 6-1 中，主机被表示为一个个方盒子，每个都连接在 LAN 上。没有被占用的 LAN 端口或网络插座，被表示为没有连接主机的垂直线，这些端口可能位于会议室等地方,工作人员有需要时可以将一台笔记本计算机连接到网络上。

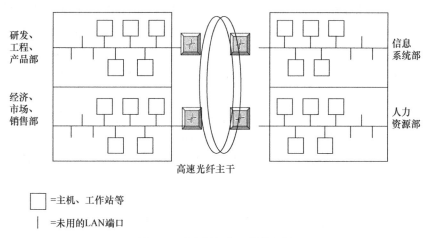

图 6-1 独立园区内部网络实例

各个部门的 LAN 被连接到路由器上,每台路由器都连接到高速光纤主干网上,使得各个部门之间可以共享信息。另外,假设所有主机完全由公司拥有,因此,在一般情况下这些主机都是安全可信的。

2. 移动 IP 在园区内部网的应用

将图 6-1 中的所有路由器升级为同时支持家乡代理和外地代理,并在所有主机上安装移动结点软件,图中的网络就变成了一个支持移动 IP 的网络。也可以将每个 LAN 上的一台或多台主机升级成家乡代理和外地代理。最终的网络如图 6-2 所示,图中的每台路由器都同时执行家乡代理和外地代理的功能。

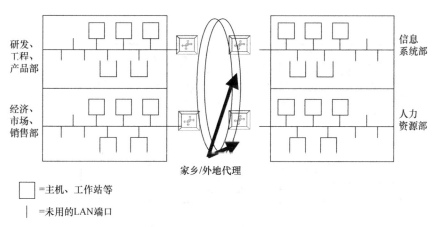

图 6-2 移动 IP 增强园区内部网

网络管理者必须做的工作如下:

1)在每一台相对来说比较轻便的主机上安装移动结点软件,如笔记本计算机。

2)在公司的所有路由器上安装外地代理和家乡代理软件,或者将外地代理和家乡代理软件安装在网络上的各种个人计算机或工作站上,每一个网络至少有一台。

3）为每个移动结点分配一条家乡网络、一个家乡地址和一个家乡代理，例如，穿过研发部门的地板和小间隔断的以太网网段就可以成为这个部门的工程师们拥有的移动结点的家乡网络。相似地，它们的移动结点将被分配网络前缀与所在网络的网络前缀相等的本地 IP 地址。最后，连到这个网络上的路由器就成了这些移动结点的家乡代理。

4）由于移动结点带有认证注册规程的要求，应为各个移动结点和它的家乡代理分配一个共享密钥。

这个移动 IP 的"园区内部网"应用非常简明，而且实现起来也很容易。配置移动 IP 后，园区内的移动用户可以将他的笔记本计算机搬到内部网的任何地方，插到任何一个网络插座上（或以无线方式通信），就可以像在家乡网络一样访问信息了，而且移动 IP 允许笔记本计算机在园区内部网内移动时不改变 IP 地址。

6.2 移动 IP 在与因特网连接的专用网中的应用

在园区内部网的应用中，我们将问题简化为只考虑与全球范围的因特网不相连的、专用的园区内部网络，而且移动结点只允许在园区或企业内部移动。在与因特网相连的专用网中应用移动 IP，必须允许移动用户在整个因特网上任意移动，能够不受限制地访问专用网，且不对专用网带来任何额外的安全威胁，此时必须考虑防火墙对移动 IP 带来的影响。本节介绍移动 IP 技术在与因特网相连的专用网中的应用。

1. 假设和要求

仍然假设有一个企业内部网，它有一些重要的数据必须保证机密性。如图 6-3 所示，专用网与因特网相连，要求有一些防火墙来保护企业网络，防止外部对企业网未授权的访问。

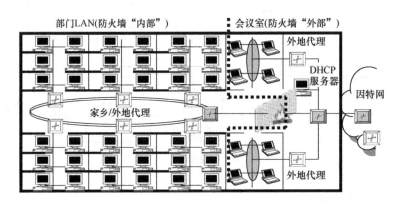

图 6-3 移动 IP 提供全球的移动性

在确定移动 IP 应用方案以及家乡代理和外地代理与防火墙的相对位置时，需要满足以下要求：

• 必须保证企业网络不受到侵入。也就是说，在企业网络和因特网之间必须有一个防火墙。

• 经过认证的移动结点，也就是那些属于公司职员的移动结点，在访问防火墙内部资源时应不受任何的连接限制,即使当它们在防火墙外部的外地网络上时也应保证这种连接性。

• 企业网络必须没有面临新的安全威胁,也就是说它所面临的安全威胁不应该比连接到因特网上的任何其他网络(通过防火墙)更多。

• 来访人员应可以从会议室、培训部门等"公共"区域连接到因特网上(或与他们自己的专用网相连)。

2. 移动 IP 的应用方法

在图 6-3 中,和 6.1 节中描述的一样,部门的 LAN 可能采用许多种不同的媒介,它们与升级为家乡代理和外地代理的路由器相连,这些代理则通过高速的光纤骨干相连。一些网络设备在防火墙"内部",一些则在防火墙"外部"。这里,"内部"指的是专用网的部分,它必须受到保护以防受到攻击;"外部"则指因特网的其他部分,防火墙要防止外部设备对专用网的攻击。各部门的 LAN,包括传统的主机、家乡/外地代理和一些移动结点都在防火墙内部。移动 IP 还要求严格的物理安全性,即要明确允许哪些人进入一个部门的房间、楼层或工厂等。

可以公用的网络接口(如在会议室和其他接待区域设置的网络插头)都放在防火墙外,这些区域的物理安全不要求特别严格,这些公共区域的网络插头都与外地代理相连。所有移动结点,包括公司内部的和来访人员的,都可能在这些公共区域中连接到网络上。公司职员的移动结点的家乡代理和家乡网络都在防火墙内这些职员所在部门的 LAN 上,来访的移动结点的家乡代理和家乡网络则在防火墙之外。如图 6-3 所示,连接到会议室网络插头上的那些来访移动结点很可能也在它们自己的防火墙之外,就像公司职员拥有的移动结点一样。在这些公共区域中应有外地代理来帮助移动结点完成移动检测、得到转交地址以及选择一个默认路由器。另外,这些外地代理还为那些想从 DHCP 服务器上得到配置转交地址的移动结点提供中继代理的功能。这些外地代理的 R 位将被关闭,因为网络管理员不必为在防火墙外的这部分网络提供接入控制机制。

采用图 6-3 所示的结构是为了将所有移动结点放在防火墙以外,只有那些可以通过防火墙认证、经过授权的移动结点才允许与公司网络中受保护的主机进行通信,但所有其他移动结点都可以访问因特网。这种方案不会对企业带来新的安全威胁,这时网络面临的安全威胁与任意一个连接到因特网上的网络一样。

值得特别注意的是,这种方案中有一个防火墙将会议室内的移动结点与公司内部的家乡代理分隔开,这就要求有一种方法使得经过授权的移动结点可以穿越防火墙收发数据包。其难点在于这种方法不牺牲网络的安全性,需要使用第 5 章介绍的安全技术。

6.3 移动 IP 在移动网络中的应用

6.3.1 移动路由器和固定结点的移动网络

移动网络是指它们的主机和路由器之间的相对位置通常是固定的,但作为一个整体,它们相对于因特网的其他(固定)部分来说却是移动的。图 6-4 给出了一个移动网络的例子,在这个例子中,一个移动结点(这里是一台移动路由器)为船上区域网的所有结点提供连接。船上的各个结点之间是相对固定的,但整个网络相对于因特网的固定部分来说是移动的,如图中所示,移动路由器通过无线方法与外地代理通信,外地代理则由移动路由器当前所在的位置决定。移动路由器的家乡代理和家乡网络也在图中做了标示。

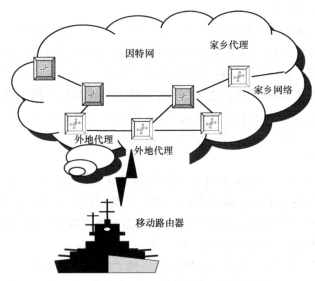

图 6-4　移动路由器为整个移动网络提供连接

移动 IP 在这种情况下是如何工作的呢?首先,移动路由器和移动结点一样有一个家乡地址,移动路由器家乡地址的网络前缀与它的家乡网络的网络前缀相同。当连接在家乡网络上时,移动路由器和家乡代理只是相邻的路由器,根据动态路由协议,它们将交换路由更新信息。当移动路由器连接在外地网络上时,路由器之间将仍然互相交换路由更新信息,只是需要通过一条双向的隧道。

1. 家乡网络上的移动路由器

图 6-5 给出了只包含一个子网的移动网络,这个网络的网络前缀为 7.7.7,一个连接在这个网络上的主机具有 IP 地址 7.7.7.1。移动路由器的家乡地址为 6.6.6.1,它的家乡代理的 IP 地址为 6.6.6.2,移动路由器和它的家乡代理采用了某种动态路由协议。移动路由器广播了对 7.7.7 网络的可达性,而家乡代理广播了对其他地址的可达性。图 6-5a 所示为移动路由器(也就是移动网络)连接在家乡网络上的情况。这时,移动路由器就和其他固定路由器一样工作,它和家乡代理是邻接的路由器,它们之间互相转发数据包,并交换路由更新信息。图 6-5a 还表明了从因特网固定部分的主机发出的数据包,到达位于移动网络上的主机时的情况。当移动路由器连接在它的家乡网络上时,这些数据包只是简单地在家乡代理和移动路由器间转发,不需要隧道,就像在固定路由器中一样。

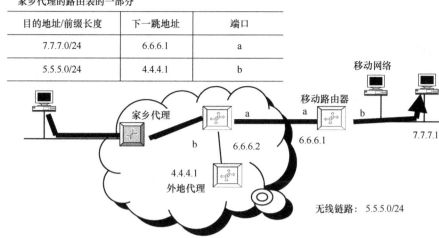

a) 家乡链路(数据包采用传统IP路由进行选路)

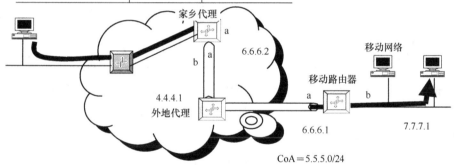

b) 外地链路(数据包通过隧道在家乡代理和移动路由器转交地址间传送)

图 6-5　移动网络结点的数据包选路

2. 外地网络上的移动路由器

如图 6-5b 所示，当移动路由器连接在外地网络上时，移动路由器和家乡代理仍然交换路由更新信息并转发数据包，但这时是通过一条双向的隧道。送往移动网络中主机的数据包通过隧道送到移动路由器的转交地址，从隧道中拆封，并转发到移动网络上的主机。图 6-5b 标出了数据包从因特网固定部分的主机发送到移动网络中的主机的路由以及通过的隧道。

图 6-5b 为移动路由器采用配置转交地址的情况，移动路由器也可以采用外地代理转交地址，但这要求家乡代理采用多重封装。在相反的方向，移动路由器可以将外地代理作为移动网络中主机数据包的默认路由器。然而，在存在入口过滤路由器时，移动路由器应

将数据包通过隧道送给家乡代理。在任何情况下，移动路由器和家乡代理都交换路由更新信息，这些更新信息必须通过隧道传送。

3．移动网络的路由表

当移动路由器连接在外地网络上时，图 6-5 中给出了家乡代理的路由表的一个部分，包括移动路由器在外地网络前后的情况。

（1）当移动路由器在家乡网络上时的路由表表项

显然，当移动路由器连接在家乡网络上时，家乡代理的路由表表项标示的是直接转发。表 6-1 给出了家乡代理路由表的 3 个表项。

- 到所有连接在家乡网络上的结点的路由是一条通过无线端口 a 的直接路由。
- 通过移动路由器（6.6.6.1）到位于移动网络（7.7.7.0/24）上的所有结点的路由经过无线端口 a。
- 通过外地代理（4.4.4.1）到位于外地代理的无线网络（5.5.5.0/24）上的所有结点的路由经过另一个物理端口 b。

表 6-1　当移动路由器在家乡网络上时家乡代理的路由表

目的地址/前缀长度	下一跳地址	端口
6.6.6.0/24 （家乡网络上的所有结点）	直连	a （无线端口）
7.7.7.0/24 （移动网络上的所有结点）	6.6.6.1 （移动路由器）	a （无线端口）
5.5.5.0/24 （外地代理的无线链路）	4.4.4.1 （外地代理）	b （有线端口）

相似地，在移动路由器的路由表中，到家乡网络上的所有结点和移动网络中的所有结点也有直接路由和网络前缀路由。移动路由器还有一个通过家乡代理到所有结点的默认路由，这些表项见表 6-2。

表 6-2　当移动路由器在家乡网络上时移动路由器的路由表

目的地址/网络前缀长度	下一跳地址	端口
6.6.6.0/24 （家乡网络上的所有结点）	直连	a （无线端口）
7.7.7.0/24 （移动网络上的所有结点）	直连	b （以太网接口等）
0.0.0.0/0 （其他）	6.6.6.2 （家乡代理）	a （无线端口）

当要去往 7.7.7.1 的移动网络上结点的数据包到达家乡代理时，家乡代理在表 6-1 中的第二行找到一条匹配的路由，并将这个数据包通过无线的家乡网络送给移动路由器。移动路由器接收到这个数据包，并在表 6-2 中的第二行找到一条匹配的路由，然后将数据包通过物理端口 b 发送到目的主机。

在相反的方向，由移动网络上的主机产生的数据包，发往不在移动网络上的结点，这些数据包先被转发到移动路由器上。移动路由器根据数据包的目的地址，对送往家乡网络上的结点的数据包采用网络前缀路由，或通过默认路由通过家乡代理将这些数据包转发到最终目的地。

（2）当移动路由器离开家乡网络时的路由表项

如图6-5b所示，当移动路由器连接在外地网络上时，情况就变得复杂多了。这里，我们假设移动路由器向家乡代理注册了IP地址5.5.5.1为转交地址，当注册成功后，家乡代理和移动路由器必须更新它们的路由表，以完成前面所介绍的双向隧道。如表6-3所示，与移动主机的情况相似，家乡代理将增加一条通过转交地址和虚拟端口到达移动路由器的特定主机路由。另外，家乡代理必须改变那些下一跳为移动路由器的表项，将它们修改为指向移动路由器的转交地址和虚拟端口。改变后的路由见表6-3。

表6-3 当移动路由器在外地网络上时家乡代理的路由表

目的地址/前缀长度	下一跳地址	端口
6.6.6.0/24 （家乡网络上的大多数结点）	直连	a （无线端口）
6.6.6.1/32 （移动路由器）	5.5.5.1 （转交地址）	α （"隧道"虚拟端口）
7.7.7.0/24 （移动网络上的所有结点）	5.5.5.1 （转交地址）	α （"隧道"虚拟端口）
5.5.5.0/24 （外地代理的无线链路）	4.4.4.1 （外地代理）	a （无线端口）

类似地，当移动路由器连接在外地网络上时，也必须改变路由表中的一些表项。移动路由器把之前指向家乡网络的路由改为通过隧道到达家乡代理。另外，移动路由器必须增加一条到达家乡代理的特定主机路由，这条路由通过外地代理在外地网络上的物理端口，再经过外地代理。最终路由表见表6-4，其中，第一行表项不再需要，因为这个表项中的目标是第四行表项中的目标的一个子集，而且这两个表项的下一跳地址和端口两列都一样。

当要去往7.7.7.1的移动网络上结点的数据包到达家乡代理时，具体步骤如下：

1）家乡代理在表6-3的第三行发现了一条匹配的路由表项，于是将数据包进行封装送入移动路由器的转交地址。然后家乡代理用表6 3中的第四行表项来向移动路由器的外地代理转发经过封装的数据包，封装后的数据包（外层的）IP目的地址是5.5.5.1。

2）外地代理发现数据包是送往5.5.5.1的，这是一个在外地网络上的地址，于是将数据包转发给移动路由器。外地代理并不知道也不关心这个数据包还包含了一个被封装的IP数据包。

3）经过封装的数据包经过无线网络到达移动路由器，在这里数据包被拆封。移动路由器检查拆封后内层数据包的IP目的地址，然后利用表6-4中的第三行指示的路由将数据包转发到目的主机。

表 6-4 当移动路由器在外地网络上时移动路由器的路由表

目的地址 / 前缀长度	下一跳地址	端口
6.6.6.0/24 （家乡网络上的所有结点）	6.6.6.2/32 （家乡代理）	α （"隧道"虚拟端口）
6.6.6.2/32 （家乡代理）	5.5.5.2 （外地代理）	a （无线端口）
7.7.7.0/24 （移动网络上的所有结点）	直连	b （以太网接口等）
0.0.0.0/0 （其他）	6.6.6.2/32 （家乡代理）	α （"隧道"虚拟端口）

在相反方向，移动网络上的主机产生的数据包，如果是送往不在移动网络上的结点，这个数据包也将被送到移动路由器上。假设数据包不是去往家乡代理的，那么移动路由器将用它的路由表中的第一行或第四行来转发数据包。这时，表 6-4 中规定移动路由器应将数据包封装进一个新的数据包中，这个新数据包的 IP 目的地址为家乡代理的地址。然后移动路由器采用表 6-4 中第二行的特定主机路由将经过封装的数据包通过外地网络送给外地代理。外地代理将经过封装的数据包转发给家乡代理，家乡代理拆封数据包，然后将其路由到最终目的地址。

去往家乡代理的特定主机路由为移动路由器提供了一个物理端口，经过封装要送往家乡代理的数据包可以经过这个端口进行转发。但是，一些由移动路由器自己产生并送往家乡代理的数据包也会和这条特定主机路由匹配，因而这些数据包就不可能通过隧道到达家乡代理。这些数据包包括路由更新信息，应通过隧道到达家乡代理，但根据路由表，这些路由更新信息将被放在一个源地址为移动路由器、目的地址为家乡代理的 IP 数据包内，然后不经封装就被转发给了外地代理。

因此，移动路由器在转发送往家乡代理的数据包时必须特别注意，这些数据包是从位于移动网络上的某台主机送过来的还是由移动路由器自己产生的，没有经过封装的数据包还需要加一层 IP 报头的封装，已经经过封装的则不必再封装，必须通过外地网络转发给外地代理或在网络另一端的任意一个路由器。

6.3.2 移动路由器和移动结点的移动网络

在 6.3.1 小节中，考虑了为移动网络上的其他主机和路由器提供连接能力的移动路由器，并假设这些主机和移动路由器相互之间是固定的，但这个移动网络作为一个整体相对于因特网来说是移动的。

但实际应用中可能存在更复杂的情况，即移动网络中的主机和路由器相对于移动网络来说也可能是运动的，比如一位旅客将一台笔记本计算机带上船或飞机的情况，这时这台笔记本计算机相对于船或飞机上的（固定）主机和路由器来说也是运动的，而整个船或飞机相对于因特网的其他部分来说也是运动的。

图 6-6 中给出了这种情况，这里我们假设：

1）移动主机在因特网的固定部分拥有一台家乡代理。

2）移动路由器在因特网的固定部分有一台家乡代理。
3）移动路由器为连接在移动网络中的移动主机提供外地代理的功能。
4）移动主机和移动路由器分别发现了它们各自的家乡代理，并向其注册了它们的外地代理转交地址。

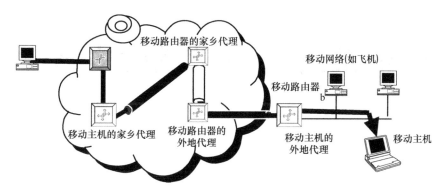

图 6-6　一个同时提供外地代理功能的移动路由器

现在，在图 6-6 中，通信对端发送一个数据包给移动主机，该数据包的路由如下：
1）由通信对端发出的数据包被送到了移动主机的家乡代理。
2）移动主机的家乡代理通过隧道将数据包送到了移动主机的转交地址。注意，移动主机的转交地址是移动路由器的本地 IP 地址。
3）数据包经过隧道到达了移动路由器的家乡代理，因为移动路由器的家乡代理或它的家乡网络上的某台主机总会广播对移动路由器家乡地址的可达性。
4）移动路由器的家乡代理截获数据包，并进一步通过隧道将它送到移动路由器的转交地址。注意，这个转交地址是在因特网固定部分的外地代理的地址。
5）当经过两条隧道的数据包到达移动路由器的外地代理时，最外一层封装被剥去，得到一个要送往移动路由器的经过封装的数据包，外地代理将这个数据包经过无线网络送给移动路由器。
6）当移动路由器接收到这个单层封装的数据包时，将余下的那一层封装去掉，于是得到一个要送往移动主机的数据包。因为移动主机是通过作为外地代理的移动路由器注册的，所以由移动路由器将原始数据包经过移动网络上的链路送给移动主机。

图 6 6 说明了移动 IP 支持非常复杂的拓扑，它还表明某些结点（如移动路由器）可能同时实现了移动 IP 3 个实体的功能，即移动结点、外地代理和家乡代理。

思考题与习题

1. 移动 IP 在独立园区网内实现移动性支持，需要对网络做哪些改造升级？
2. 请解释移动网络的基本概念。
3. 请分析如何实现移动网络中的结点移动性支持。

第 7 章

商用通信系统的 IP 移动性支持

自 20 世纪 70 年代末第一代模拟蜂窝移动通信系统问世以来,蜂窝移动通信在技术和市场两个方面都取得了较大的发展。2019 年 6 月 6 日,工业和信息化部正式向中国电信、中国移动、中国联通、中国广电发放第五代移动通信系统(5G)商用牌照,中国正式进入 5G 商用元年。除了蜂窝移动通信,以通信卫星作为中继站的卫星移动通信技术也迅猛发展,为民用和军事应用提供广域覆盖、大容量的通信服务。与移动通信系统、卫星通信系统等具有固定基础设施的网络不同,无线局域网为用户提供了一种局部区域内更为灵活便捷的接入方式。此外,随着物联网的普及、智能家居的大众化,低功耗、微体积、高稳定性的嵌入式设备之间的通信成为研究热点,而蓝牙网具有成本低、部署灵活、组网便捷等优势,成为可行方案之一。在目前这些广泛使用的商用移动网络中,IP 移动性支持问题依然是解决结点移动性必须面对的核心问题,而移动 IP 技术也成为这些商用移动网络中支撑 IP 移动性的有效方案之一。

本章分别介绍了移动通信系统、卫星通信网络、蓝牙网以及无线局域网,并探讨其中的 IP 移动性支持方案。

7.1 移动通信系统的 IP 移动性支持

7.1.1 移动通信的基本概念

移动通信是指移动结点之间或者移动结点与固定结点之间的通信。例如,移动台(车辆、船舶、飞机或者行人)与固定点,或者移动台之间的通信都属于移动通信的范畴。移动通信不受时间和空间的限制,交流信息机动灵活、迅速可靠。在社会需求和技术进步的强大驱动下,移动通信发展迅速。目前,移动通信系统成为人们日常生活不可缺少的通信方式之一。本节将依据移动通信系统的发展,从 5G 移动通信系统入手,分析其采用的 IP 移动性支持方案。

7.1.2　5G 的特点

尽管第四代移动通信系统（4G）提供了更宽的带宽、更广的覆盖率和更高的传输容量，并在移动数据业务和多媒体应用等方面的性能和灵活性得到明显改善。然而，随着移动智能终端的大规模流行和移动互联网业务的强劲推动，加之物联网应用的激增，以"高速率、低时延、低功耗、海量连接"为标志的需求与日俱增。因此，在 4G 开始走向商用之时，5G 的研究就已经提上议事日程。相比于 4G，5G 更加关注用户的需求，并为用户带来新的体验。5G 带来的技术提升包括：

（1）单位面积数据吞吐量显著提升

相比于 4G，5G 的系统容量要提高 1000 倍，边缘用户的速率达百兆位每秒，用户的峰值速率达千兆位每秒，单位面积的吞吐能力，特别是忙时吞吐量达到数十万兆位每平方千米以上。

（2）支持海量设备连接

随着物联网的快速发展，接入到移动通信网络中的设备数目爆炸性增长，在一些应用场景下，每平方千米通过 5G 移动网络连接的设备数目达到 100 万，相对于 4G 增长 100 倍。

（3）更低的延时和更高的可靠性

为了给用户提供随时在线的体验，并满足如工业控制、紧急通信等更多高价值场景需求，时延必须进一步降低。5G 相对于 4G，时延缩短 1/10～1/5，并提供真正的永远在线体验。此外，一些关系生命、重大财产安全的业务，端到端可靠性提升到接近 100%。

（4）能耗

绿色低碳是未来技术发展的重要需求，通过端到端的节能设计，使网络综合的能耗效率提高 1000 倍，达到 1000 倍容量提升的同时保持能耗与现有网络相当。

此外，5G 还需要支持 500km/h 以上的移动性，提高网络部署和运营的效率，将频谱效率提升 10 倍以上。国际电信联盟（ITU）已确定了 8 个 5G 的关键能力指标，分别是用户体验速率、峰值速率、流量密度、网络能量效率、连接数密度、时延、移动性和频谱效率，图 7-1 为 5G（IMT-2020）和 4G（IMT-Advanced）的关键能力指标比较。其中，用户体验速率、连接数密度和时延为 5G 最基本的 3 个性能指标。由图可见，4G 和 5G 两者差距明显，尤其是在用户体验速率、连接数密度、流量密度、时延等方面差距巨大。

因此，与 4G 相比，5G 更加注重用户的体验，提高和改善了通信网络的传输速率，完善和健全了网络，实现了多点、多面、多用户，提高了系统性能。5G 技术将实现无处不在的无线信号覆盖，更加充分地利用高频段的频谱资源。同时，运营商可以更加灵活地配置 5G 无线网络，根据实时的流量动态调整网络资源，降低成本和资源消耗，大幅提高能效和效率，满足绿色低碳的未来发展需求。

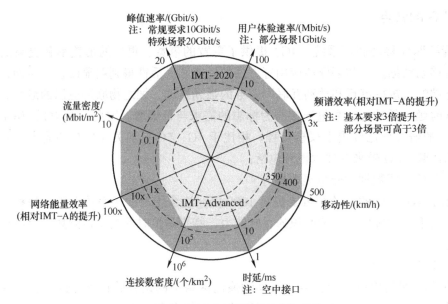

图 7-1　5G 和 4G 的关键能力指标比较

7.1.3　移动 IPv6 在 5G 中的应用

1. 移动通信网络 IP 化

从 2G 时代的核心网引入软交换开始,移动通信的 IP 化伴随着代际升级同时进行,最终在 4G 时代随着 IP 多媒体子系统（IMS）大规模部署,长期演进语音承载（VoLTE）功能上线,实现了核心网、承载网、接入网全业务层面的 IP 化。

移动网络 IP 化能给通信系统带来非常显著的优势。首先,移动网络 IP 化能够提升网络性能、降低网络成本,增强网络扩展的灵活性,降低网络管理的复杂度；其次,移动网络 IP 化可以支持基于 IP 的应用,易于扩展移动网络新业务、新场景；最后,移动网络 IP 化能够面向未来,便于网络发展演进。

移动网络 IP 化是一个全网络端到端的 IP 化过程,包括接入网 IP 化、核心网 IP 化、承载网 IP 化和终端 IP 化。

（1）接入网 IP 化

承载多样化用户带宽和质量需求,为多种业务提供更高的带宽,全面降低成本。

（2）核心网 IP 化

通过将电路交换转换为分组交换,给予网络融合各种业务应用和用户体验的能力,运营商能够快速提供新业务,克服了原有网络业务提供周期过长、业务适应性差等缺点,为业务融合与拓展开启便利之门。

（3）承载网 IP 化

采用扁平化的网络结构实现,可以提供各种服务质量（QoS）分类转发、电信级别倒换保护和更灵活的承载能力,实现承载和业务的分离,突破带宽瓶颈。

（4）终端 IP 化

提供个性化的体验，推进多媒体业务，体现智能化的同时能够通过软件装载实现对多种业务的支持。

IP 化的移动通信网络通过 TCP/IP 连接各种应用。TCP/IP 体系结构在互联网中应用广泛，它可以抽象为一个沙漏模型，其核心是网络层，起到承上启下的作用。网络层向下兼容包括 5G 在内的多种通信系统，向上支撑各种新兴的应用 [车联网、虚拟现实/增强现实（VR/AR）、远程医疗等]，使互联网成为推动整个社会进步的重要支撑力量。

2. 移动 IPv6 在 5G 中的应用

在互联网的体系结构中，网络层包含三个要素：传输格式、传输方式和路由控制。为实现世界范围内所有网络的互联互通，就必须要有标准的传输格式。由于物联网、工业互联网等领域的快速发展，5G 时代的互联网服务需要更大的带宽、更大的存储、更快的传输速度，原来的 IPv4 已无法满足海量的 5G 设备，需要新一代的 IPv6 来支持。5G 的系统架构将进一步向全 IP 的方向演进和发展，包括对数据、多媒体等业务形式的承载均是基于 IP 的；端到端的业务呼叫模型是基于 IP 的；无线电接入网（RAN）及通信网（CN）核心的网络交换和呼叫控制也是基于 IP 的。而在 5G/B5G（Beyond 5G，超 5G）的系统规划中，5GPP（第五代合作伙伴计划）、5GPP2 规范的方向均确定了 IPv6 是 5G/B5G 网络承载、业务应用的发展方向。在 5G/B5G 的 IMS 阶段，网络系统（包括分组域和电路域）将全面基于或兼容 IPv6。在 4G 网络中，由于 IPv4 与 IPv6 机制共存，因此具有双栈能力的终端在建立连接的时候，总是会发起 IPv4+IPv6 双栈连接请求。但是 5G 以 IPv6 为核心，在后续的 5G 网络运行中，将会去除 IPv4 + IPv6 双栈设计，将 IPv6 向单栈引导，带来设计的简化。

移动 IP 技术是在原有 IP 技术上引入的一种新的路由策略，上层基于 IP 地址的业务不会因为结点的移动而中断，这种可移动性是建立在网络层的基础上的，因而可以屏蔽底层链路的异质性。移动 IP 技术的应用要求为每个联网终端提供一个固定不变的 IP 地址，这在地址空间受限的 IPv4 协议中是很难实现的。而 IPv6 是 5G 和物联网的基础协议，可以为海量机器类通信提供足够的 IP 地址，使得联网终端的永久在线成为可能。IPv6 巨大的地址空间，能够使互联网业务获得一个独立且固定的 IP 地址，使得服务得以永久在线。因此，在 5G 移动通信系统中采用移动 IPv6 方案可以有效支撑 IP 地址的移动性，从而为移动终端用户提供不间断的通信服务。

3. 基于"IPv6+"的下一代互联网创新体系

近年来，面向 5G 和云时代的商业场景创新需求，我国互联网产业界持续探索 IP 网络的发展演进，率先提出了"IPv6+"下一代互联网创新体系，成为业界热点。

"IPv6+"可以满足 5G 承载和云网融合的灵活组网、业务快速开通、可靠性保护、确定性传送、简化网络运维、优化用户体验按需服务、差异化保障等需求。在内容上包括基于 IPv6 扩展和增强的多个创新技术方案，在标准上对应一个协议族，在各标准组织形成了一个有机结合的协议标准体系。"IPv6+"创新的标准技术规范目前正在 IETF 和中国通信标准化协会（CCSA）同步展开，其所涵盖的技术标准规范分为"IPv6+"1.0、

"IPv6+" 2.0 和 "IPv6+" 3.0，见表 7-1。

表 7-1 "IPv6+" 涵盖的标准规范在标准组织的分布

技术课题	IETF	CCSA
"IPv6+" 1.0　SRv6	需求、框架、协议扩展	框架、协议扩展
"IPv6+" 2.0　VPN+	架构、管理模型、数据面扩展、控制面协议扩展	架构、管理接口、数据面/控制面扩展
随流检测（In-situ Flow Information Telemetry，IFIT）	框架、协议扩展	需求、框架、协议扩展
IPv6 新型组播方案（Bit Index Explicit Replication IPv6 Encapsulation，BIER6）	需求、封装、协议扩展	封装、协议扩展
业务链（Service Function Chaining，SFC）	需求、封装、协议扩展	
确定性网络（Deterministic Network，DetNet）	需求、架构、数据面、控制面	
通用 SRv6（Generalized Segment Routing Over IPv6，G-SRv6）	需求、封装、协议扩展	封装、协议扩展
"IPv6+" 3.0 感知应用网络（Application-aware IPv6 Networking，APN6）	需求、框架、协议扩展	框架、协议扩展

2019 年，在推进 IPv6 规模部署专家委员会的指导下，我国数据通信产业界成立了"IPv6+ 技术创新工作组"。依托工作组合作研究机制，工作组已经在"IPv6+"概念、内涵以及发展阶段等问题上逐步达成共识，确定了技术研究和产业实践"三步走"的发展策略。

第一阶段，构筑"IPv6+"基础能力。重点开展与段路由（SR）相关的技术研究和产业实践，实现对传统多协议标记交换（MPLS）网络基本功能的替代（包括虚拟专用网、流量工程以及快速重路由等）。SR 是一种源路由技术，它为每个结点或链路分配段（Segment），头结点把这些段组合起来形成段序列，指引消息按照段序列进行转发，从而实现网络的编程能力。SRv6 可以与 IPv6 网络无缝集成，只需在关键结点使用 SRv6，就可以具备网络可编程、跨域部署、流量工程、快速倒换等能力。通过 SRv6 规模部署简化 IPv6 网络业务部署，使 IPv6 网络基础设施具备业务快速发放、灵活路径控制等特性。

第二阶段，提升网络服务等级协议（SLA）体验保障。重点开展 IPv6 网络切片、随流检测、新型多播等技术研究和产业实践，在网络演进中引入 VPN+、IFIT、BIERv6 等特性，发展面向 5G 和云网融合的承载应用，包括面向 5G 行业应用、云 VR/AR 以及业务链应用等。

第三阶段，发展应用感知型网络。伴随云服务和网络演进的融合进程，需要进一步研究云服务和网络之间的信息交互技术，探讨云服务应用感知、资源及时调用与网络能力开放之间的协调机制。可以预见，云网深度融合必将给未来的下一代互联网产业发展带来深远的影响。

7.2 低轨卫星通信网络中的 IP 移动性支持

7.2.1 低轨卫星通信网络的基本概念

低轨（LEO）卫星通信网络是指以星间链路（ISL）和星地链路（SGL）作为传输介质，由多种低轨卫星和星座组成骨干通信网，与高轨（HEO）卫星网络和地面核心网络互通，实现实时传输、接收和处理信息的空间网络体系。低轨卫星通信系统如图 7-2 所示。对于个人移动用户来说，低轨卫星通信网络传输延时短，路径损耗少，而且蜂窝通信、频率复用等技术为低轨卫星移动通信提供了有效的技术保障。

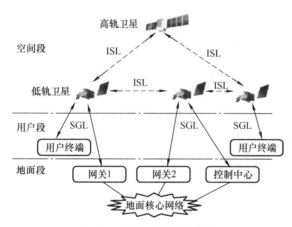

图 7-2 低轨卫星通信系统

7.2.2 低轨卫星通信网络与 5G 的融合

随着 5G 技术的成熟发展以及低轨卫星广泛布局，两者的融合成为业界研究热点。

1. 低轨卫星通信网络的特点

总体而言，传统卫星通信因其不受地理条件限制的维度优势和广播特性，相比地面通信具有覆盖范围广、运维成本低、部署周期短等优点，但由于空间的暴露性和无线传输手段，其安全性和稳定性都要低于地面通信网络。而低轨卫星通信网络作为未来信息通联方式变革的重要方向，相较于传统高轨卫星通信系统而言，主要具有以下特点：

（1）卫星数量多、业务广，可靠性强

数以百计乃至万计有限容量的单颗卫星叠加而成的整个体系容量极大，除包含宽/窄带通信、物联网、互联网等多种业务外，还可拓展导航增强、对地监测等功能。同时，低轨卫星通信网络具备高弹性和冗余性，抗毁能力强，且低成本小卫星备份数量多，应急补发能力强。

（2）传输路径短、损耗小，总时延高

假设低轨通信卫星轨道高度为 900km，其信号空间传输损耗比传统高轨通信卫星少近 32dB，可大大缩小地面终端及天线尺寸，降低地面应用设施成本。由于路径短，其端到端的信息传输时延几乎与地面光纤相近。但对于"天星天网"这种拥有众多卫星结点的无线多跳网络而言，总传输和处理时延明显增大。

（3）覆盖范围广、轨道多，流量不均

由于轨道种类多样，低轨星座系统可涵盖传统高轨通信卫星由于仰角不能有效覆盖到的两极和高纬度地区，具有全天候复杂地形条件（如山区、峡谷、丛林、高轨卫星视线受限的城市等）下实时通信的能力。但不同人口密集度地区业务流量需求不均匀，在备用路径不多的情况下容易阻塞，对星座组网设计要求高。

（4）运动速度快、信道多，动态复杂

高速运动的低轨卫星过顶时间一般只有几到几十分钟，可视时间短，需同时连接其波束范围内所有需求终端，但很快又要交接给下一颗卫星，造成星地连接高频切换，拓扑结构持续变化，对现有卫星和地面通信体制提出挑战。

但卫星通信本身也有局限性，主要包括：

1）卫星本身有区域的无效覆盖，成百上千个低轨卫星相对地面是运动的，只能是均匀覆盖，在很多区域覆盖实际是没有用户的，而地面蜂窝移动通信基站布局跟人口密度分布强相关。

2）卫星信号难以覆盖室内。

3）卫星终端的天线较大。

4）卫星通信的频谱效率远低于蜂窝移动通信。

5）卫星通信网络建设运维复杂，卫星通信相当于地面铁塔上的基站搬到了卫星平台上，面临大概十倍到百倍于地面的成本，所以通信的资费更高。

2. 低轨卫星通信网络与 5G 的融合优势

5G 需要卫星通信作为补充。在山区、荒漠、航海、航空等区域，由于地面网络建设困难等因素无法实现全覆盖，而卫星通信则是 5G 实现网络无缝集成与通信空间的延伸的关键保障，因为相较于地面移动通信技术，卫星通信的最大优势是无视地形地貌和距离的无死角广域覆盖（含两极区域）。同时，卫星融合可大幅度增强 5G 在物联网设备以及飞机、轮船、火车、汽车等移动载体用户提供连续不间断的网络连接服务能力。

卫星通信亦需 5G 网络的高传输速率，以提升低轨星座系统的用户体验度。随着天地一体化，地面、天空相孤立的网络走向天地融合，将人类活动拓展至空间、远海乃至深海。

两者若融合成功，除了能改变人们衣食住行外，也将极大地影响和改变信息化战场上的作战模式，使实时感知战场态势成为可能。尤其是在 5G 技术的高速度和低延时性支撑下，可实现战场态势的同步感知甚至超前感知。这种情况下能够在更短的时间内传输坐标、音频、图像、高清视频等海量战场数据，提高情报信息的传输与处理速度。同时，以 5G 为支撑的卫星将使感知范围进一步拓宽，支持陆、海、空、天多维空间的传感器获取战场情报，经过筛选、融合后形成统一的战场态势图，进而提升指挥作战效能，提高战场可视性和透明度。

3. 融合 5G/卫星通信网络的接入方式

5G 支持多种网络类型的接入，包括长期演进技术（LTE）、Wi-Fi，以及至关重要的卫星。这意味着，与之前的 3GPP（第三代合作伙伴计划）架构不同，5G 网络更易于与卫星网络集成。现有混合 5G/卫星网络的接入类型主要包括直接接入和间接接入或回程两种类型。直接接入指的是支持卫星的用户设备（UE）可以通过卫星链路直接接入 5G 网络。间接接入或回程指的是 UE 通过 3GPP 或非 3GPP 接入技术接入地面（无线电）接入网 [(R) AN]。地面接入网通过卫星链路连接到 5G 核心。

4. 星地融合发展现状

卫星与地面移动通信相互融合的研究从 20 世纪 90 年代开始持续至今。

在实用系统建设方面，北美卫星移动通信（MSAT）系统是世界上第一个区域性卫星移动通信系统，该系统在建设时就采用了模拟地面移动蜂窝网的技术；瑟拉亚（Thuraya）卫星通信系统在设计过程中采用了类似全球移动通信系统/通用分组无线服务（GSM/GPRS）体制中的对地静止轨道无线接口（GMR）；我们所熟知的"铱星"（Iridium）及全球星（Global Star）的空中接口设计则是参照了 GSM 及窄带 CDMA 标准（IS-95）；美国的 SkyTerra 系统与 TerreStar 系统，通过布设地面辅助基站卫星与基站复用同一频段，空中接口信号格式几乎相同，终端可以在卫星与地面基站间无缝切换，用户无须使用双模终端即可享受 4G 无线宽带网络。

在标准研究制定方面，随着 5G 技术的日益成熟，业界内成立了专门标准化组织工作组着手研究星地融合的标准化问题。国际电信联盟（ITU）提出了星地 5G 融合的 4 种应用场景，包括中继到站、小区回传、动中通及混合多播场景，并提出支持这些场景必须考虑的关键因素；3GPP 根据星地融合的网络架构提出 4 种建设模型，如图 7-3 所示，并对相关的卫星接入网络协议进行分析、评估，讨论卫星终端的建立、配置和维护等标准，并重点分析卫星网络与地面网络的无缝切换技术。基于 5G 的卫星和地面网络（SaT5G）联盟主要围绕网络体系架构、关键技术及仿真验证、商业价值主张等方面开展研究工作，计划在两年半的时间里完成无缝集成方案，并进行演示验证，为了实现卫星通信与 5G 的即插即用，SaT5G 提出了 6 大技术研究支柱，包括软件定义网络（SDN）与网络功能虚拟化（NFV）在卫星网络的部署、融合网络的管理与编排、多链路与异构传输、卫星通信与 5G 控制面和用户面的协调、5G 安全在卫星中的扩展、优化内容和 NFV 分发的缓存与多播。具体来说：

1) SDN 与 NFV 在卫星网络的部署，能够提供卫星功能组件的虚拟化，以实现卫星和移动网络元素的集成，从而使卫星系统适应 5G 环境。

2) 融合网络的管理与编排，可以实现涉及卫星和移动集成网络切片的端到端编排和管理。

3) 多链路与异构传输，通过卫星与地面网络间业务流的智能分发提升用户体验质量（QoE）。

4) 卫星通信与 5G 控制面和用户面的协调，在 3GPP 的协议层中支持卫星通信也有可能会涉及物理层的调整。

5）5G 安全在卫星中的扩展，验证 5G 网络安全特性在卫星网元中的无缝操作。

6）用于优化内容和 NFV 分发的缓存与多播，在移动网络小区额外利用卫星通信实现内容更有效地分发。

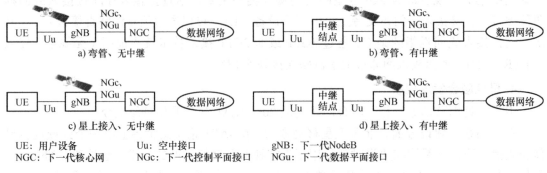

图 7-3 3GPP 非地面网络示意图

7.2.3 移动 IPv6 在卫星通信网络中的应用

早期的卫星网络主要应用 IPv4 协议，因此，其移动性管理机制相应使用移动 IPv4。随着 IPv6 协议的应用推进，移动 IPv6 在卫星通信网络中的应用成为研究重点。移动 IPv6 在卫星通信网络中的应用分为两大类：一类是基于主机的移动性管理协议，包括 MIPv6、HMIPv6、FMIPv6 等；另一类是基于网络的移动性管理协议，包括 PMIPv6、FPMIPv6 等。

（1）基于主机的移动性管理协议

MIPv6 是标准 IPv6 移动性管理协议，可以将其应用在低轨卫星网络中解决移动性管理问题。MIPv6 规定移动结点（MN）位于家乡网络时，跟普通结点一样，使用家乡地址（HoA）进行通信，通过路由规则转发数据包。当 MN 在网络中移动时，如图 7-4 所示，MN 根据接入网络的路由器广播消息配置一个转交地址（CoA），然后向家乡代理（HA）发送绑定更新消息，注册当前的转交地址。HA 在绑定缓存中记录 HoA 和 CoA 的对应关系，同时向 MN 发送绑定确认消息作为对绑定更新的响应。随后，MN 和 HA 之间就建立隧道进行通信。每个 MN 的 HoA 都是固定的，与 MN 的网络位置无关。

MIPv6 的切换过程如图 7-5 所示，MN 从旧卫星切换到新卫星，首先 MN 从新卫星中获取新的配置转交地址（CoA），并向家乡代理（HA）和通信对端（CN）发送绑定更新消息，随后 HA 在绑定缓存中记录 HoA 和 CoA 的绑定信息，对 MN 进行位置管理，CN 更新路由的目的地址，继续与 MN 进行通信。

MIPv6 可以屏蔽底层技术的差异，使低轨卫星通信网络支持不同类型的移动终端，而且简化了网络配置操作。然而，由于标准 MIPv6 的切换过程与位置更新过程之间具有耦合关系，即每次切换都需要更新 CoA 进行绑定更新，因此增加了切换时延。而且绑定更新过程中 MN 与 CN 之间不能通信，导致标准 MIPv6 产生了较高的切换时延和丢包，其性能与未来低轨卫星通信网络的要求相比还有差距，因此出现了 FMIPv6、HMIPv6、MCoA 等扩展协议。

第 7 章　商用通信系统的 IP 移动性支持

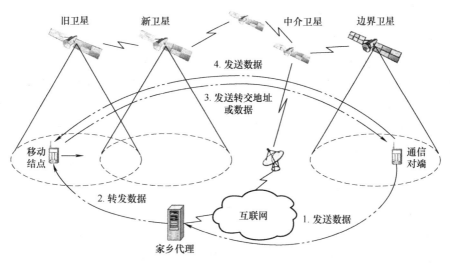

图 7-4　卫星通信网络中 MIPv6 的会话发起过程

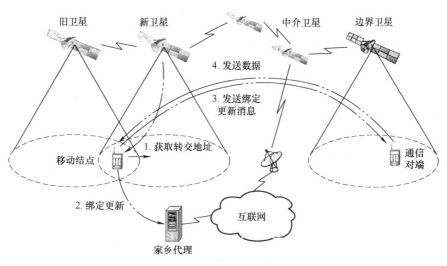

图 7-5　MIPv6 切换过程

FMIPv6 采用了快速切换技术，利用了底层的功能，提前检测到 MN 下一个要接入的网络接入点，并向网络接入点预先注册以降低切换过程的时延和丢包。

HMIPv6 引入了代理分层机制，在网络中加入移动锚结点（MAP），MAP 将网络分成了若干区域，在其管理的区域内，MN 的绑定更新由其负责处理，功能类似于 HA，从而减少了绑定更新的时间，降低了切换过程中的丢包。

MCoA 规定 MN 在切换过程中获得新 CoA 的同时旧 CoA 依然可用，实现 MN 的无缝切换，降低了切换时延、丢包等，但牺牲了网络资源的利用率。

FMIPv6、HMIPv6 等扩展协议应用于低轨卫星网络移动性管理可以有效地降低切换时延和丢包。但是，MIPv6、FMIPv6、HMIPv6 等基于主机的移动性管理协议要求 MN 必须支持相关协议，切换过程中 MN 与接入路由器之间要进行信令交互，这对于星地往返时延较大的 LEO 卫星通信网络来说，网络性能会受到严重影响，比如切换时延较长、

117

丢包率高等。

（2）基于网络的移动性管理协议

IETF 在 2008 年提出了基于网络的 PMIPv6，允许 MN 在移动性管理过程中不进行任何信令交换和处理，通过本地移动锚点（LMA）和移动接入网关（MAG）的代理功能，代替 MN 完成相关操作和信令传输。若应用于卫星网络中，可以避免星地链路较长的往返时延，减少 MN 的切换时延和丢包，提高移动性管理性能。FPMIPv6 是 PMIPv6 的扩展协议，在 PMIPv6 的基础上加入了快速切换技术。

目前已有对 PMIPv6 在卫星网络中的性能进行研究的工作，将 PMIPv6 应用到了卫星广播中，为广播终端提供移动性支持，有效降低了切换时延和信令开销。说明基于网络设计的 PMIPv6 应用在卫星网络中可以提高卫星网络的性能。在高轨卫星网络中，有研究表明如果 PMIPv6 的 LMA 由地面网络控制中心充当，将检测 MN 移动的功能从 MAG 中移到了 LMA 中，则基于 PMIPv6 的移动性管理协议在信令开销、切换时延和丢包率等方面的性能要优于基于主机的 MIPv6。

无论是基于主机的移动性管理协议还是基于网络的移动性管理协议，都是采用集中式管理方法，需要 HA、MAP、LMA 等锚点集中处理和转发其覆盖范围内的控制信令和用户数据，由于单颗卫星处理能力的限制，在低轨卫星网络中只能由地面站充当 HA 或 MAP，这会严重限制低轨卫星通信网络在全球范围的部署和网络的传输效率。此外，锚点也容易成为整个系统的单故障结点，一旦发生故障，会对整个网络造成影响。这些缺点限制了移动 IPv6 在低轨卫星通信网络中的应用。

7.3 蓝牙网的 IP 移动性支持

7.3.1 蓝牙技术概述

蓝牙技术是无线个人区域网（WPAN）技术中的一种。作为当前发展最迅速的领域之一，无线个人区域网中除了可以应用蓝牙技术以外，主要还有工作在同一频段上的 IEEE 802.11、家庭射频（HomeRF）等。三种无线传输标准在传输速率和通信距离间的差异如图 7-6 所示。

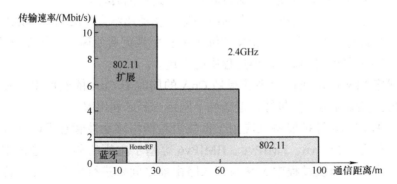

图 7-6　三种无线传输标准在传输速率和通信距离间的差异

从应用层次上看，IEEE 802.11 比较适于办公室中的企业无线网络，HomeRF 可应用于家庭中的移动设备与主机之间的通信，而蓝牙技术则可以应用于任何可以用无线方式替代短距离线缆的场合。目前，这几种技术各自拥有自己的市场，从长远上看，随着产品与市场的不断发展，它们将逐步走向融合。

蓝牙工作在 2.4GHz 的工业、科学和医疗频带（ISM），组网时可以由众多蓝牙单元设备连接起来组成微微网，其中一个主结点和多个从结点处于工作状态，而其他结点则处于空闲状态。主结点负责控制链路带宽，并决定微微网中的每个从结点可以占用多少带宽及连接的对称性。从结点只有被选中时才能传送数据，即从结点在发射数据前必须接受轮询。微微网之间可重叠交叉，由多个相互重叠的微微网组成的网络称为散射网。

为了在很低的功率状态也能使蓝牙设备处于连接状态，蓝牙规定了 3 种节能状态，即停等（Park）状态、保持（Hold）状态和呼吸（Sniff）状态。在 Sniff 状态中，从结点降低了从微微网"收听"消息的速率，一会儿醒一会儿睡，就如同呼吸一样。而在 Hold 状态中，结点停止传送数据，但一旦激活，数据传递就立即重新开始。在 Park 状态中，结点被赋予 Park 结点地址（PMA 地址），并以一定间隔监听主结点的消息。

7.3.2 BLUEPAC

利用蓝牙技术可以实现移动用户的无线接入，基于蓝牙技术的无线接入简称为 BLUEPAC（Bluetooth Public Access）。

1. BLUEPAC 结构

BLUEPAC 网络结构如图 7-7 所示。在图中可以看出，蓝牙移动设备通过蓝牙基站接入 BLUEPAC 网络，蓝牙接入网关与因特网相连，负责与 IP 网络交互信息。蓝牙基站除了作为蓝牙设备的网络接入点之外，还可能根据需要与移动 IP 路由器互联，依靠现有的移动 IP 路由器转发或接收信息，以实现与蓝牙接入网关的连接，同时在移动结点发生切换时，移动 IP 路由器负责保存在切换过程中可能丢失的数据，保证移动设备完成越区平滑切换。蓝牙接入代理主要用于协助蓝牙接入网关管理新增加的移动设备，为这些新增加的设备指定 IP 地址，除此之外，在接入代理端还有可能开设应用服务进程来发布结点的位置信息。

BLUEPAC 网络主要由如下网络单元构成：

（1）蓝牙接入网关

蓝牙接入网关是 BLUEPAC 网络到因特网的出口，其主要作用是完成 BLUEPAC 网络与因特网的信息交互以及蓝牙设备的 IP 配置。

（2）蓝牙基站

蓝牙基站的主要作用是负责蓝牙设备接入 BLUEPAC 网络，为蓝牙设备提供网络层服务，基站与设备之间的交换主要在数据链路层完成。

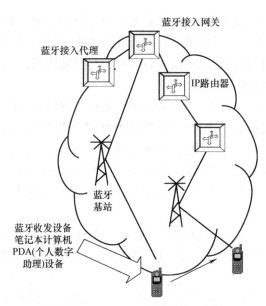

图 7-7　BLUEPAC 网络结构示意图

（3）蓝牙接入代理

蓝牙接入代理主要完成蓝牙网的动态配置，BLUEPAC 网络中只有配置 IP 地址的蓝牙通信设备才可以正常发送和接收 IP 数据包，蓝牙接入代理服务器利用 DHCP 为蓝牙设备配置 IP 地址。当网络中有新的蓝牙设备加入时，同样需要蓝牙接入代理服务器完成配置。如果 BLUEPAC 网络中的设备使用的是供本地网络使用的本地地址，而不是一个合法的 IP 地址，也需要代理服务器做地址转换。

（4）IP 路由器

IP 路由器虽然不是由 BLUEPAC 网络定义，但它在 BLUEPAC 网络中的作用非常重要。在实际网络建设中，蓝牙基站不可能全部与蓝牙接入网关直接相连，必须利用现有的 IP 路由器转发数据信息。蓝牙基站中应该配置完整的 IP 网络层协议，保证与处于 BLUEPAC 网络中的 IP 路由器兼容，实现互联、互通。

2. 蓝牙基站接入方式

在 BLUEPAC 中，移动设备在 IP 适配层完成移动切换功能。BLUEPAC 通常采用以下两种方式完成蓝牙设备接入蓝牙基站。在图 7-8a 表示的接入方式下，蓝牙设备作为主动设备向蓝牙基站发送接入请求，蓝牙基站根据接收到的请求，确定蓝牙设备的硬件地址，并向设备发送必要的接入信息。在这种方式下，蓝牙基站必须时刻处于待命状态，确保蓝牙设备能够及时地接入网络。这种方式的缺点是当基站为不同子网的多个蓝牙设备复用时，基站必须采用时分复用的方式在不同的子网之间进行切换。这大大耗费了系统的资源，降低了接入效率。在图 7-8b 表示的接入方式下，蓝牙设备作为从属设备，而蓝牙基站作为主动设备，蓝牙设备所有的通信请求都必须在蓝牙基站的控制下完成，蓝牙基站的接入算法决定了蓝牙设备在网络中的工作效率，这种方式使蓝牙基站成了蓝牙设备通信的瓶颈，蓝牙基站不断地对网络中的蓝牙设备发送轮询信息，如果蓝牙设备增多将导致轮询时间延长，从而造成需要进行通信的蓝牙设备不能及时接入网络。

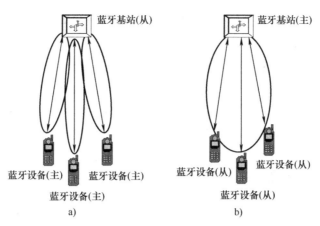

图 7-8 两种不同的"蓝牙设备—基站"主从关系配置

为了使蓝牙设备更有效地接入 BLUEPAC 网络，可以将上面两种接入方式结合使用来提高系统效率。在新的接入方式下，蓝牙基站在轮询和待命状态之间循环切换。在蓝牙设备与蓝牙基站建立连接之前，蓝牙基站作为主动设备，蓝牙设备向蓝牙基站发送请求信息，当得到回应后，表明两者的连接关系已经建立，这时，蓝牙基站转为从属设备。但是此时对于网络中其他未与蓝牙基站建立连接关系的设备来说，蓝牙基站仍然作为主动设备工作。

7.3.3 移动 IP 在蓝牙网中的应用

在移动 IP 技术下，蓝牙用户可以使用一个固定的 IP 地址在任何地点采用任何方式连接到因特网上，当蓝牙用户移动到另外一个网络或者子网时，可以在不改变 IP 地址的情况下仍保持通信。

1. 移动 IP 在蓝牙网中的工作机制

家乡代理（蓝牙用户所在的本地网上的路由器）和外地代理（蓝牙用户当前所在网络上的路由器）不停地向网上发送代理消息，以证明自己的存在。

蓝牙用户接收到这些消息后，确定自己是在本地网还是在外地网。

如果蓝牙用户发现自己是在本地网，并且收到的是家乡代理发来的消息，则不启动移动功能；如果仍然收到外地代理发来的消息，则向家乡代理发送注销原位置（外地网）命令，声明自己已经回到本地网。

当一个蓝牙用户检测到自己已移动到外地网，则获得一个转交地址，该地址包含两方面的信息：一个是外地代理的 IP 地址，一个是外地代理通过某种机制与蓝牙用户暂时对应起来的网络地址。

然后蓝牙用户向家乡代理注册，表明自己已经离开本地网，并把所获得的转交地址通知家乡代理。

注册完毕后，所有通向蓝牙用户的数据包将被家乡代理截获，并由家乡代理通过隧道发往外地代理，外地代理接收到后，再把数据包转发给蓝牙用户，这样即使蓝牙用户已经从一个子网移动到另一个子网，数据通信仍然能够继续。

蓝牙用户发往外地的数据包一般按 IP 选路方法送出，不必通过家乡代理。

2. 越区切换问题

要实现蓝牙用户的无缝接入，最关键的问题就是越区切换，为了提高切换性能，可以采用在外地代理加缓冲区的办法减少数据包的丢失率，这种方案的具体实现如下：当蓝牙用户移动位置时，如果蓝牙用户的接收信号强度（RSSI）小于某个门限值，则将发出查询命令，查找是否有更近的外地代理存在，同时也向原来的外地代理发出声明，告之自己将切换到新的外地代理。蓝牙用户移动到新的外地代理的登记请求没有被家乡代理确认前，原先的外地代理将通信对端发送来的数据包存储在缓冲区里。在登记请求确认后，家乡代理通过新的外地代理给蓝牙用户发出确认消息，同时刷新通信对端的转交地址，使通信对端获得蓝牙用户的新的转交地址，将以后的数据包发送到新的外地代理，再转发给蓝牙用户。蓝牙用户收到登记确认消息后，解除其在旧的外地代理的登记，并且通知它新的转交地址，使它释放缓冲区的数据包到新的外地代理，再转发给蓝牙用户，这样就避免了切换时的数据丢失。

3. 注册优化问题

当蓝牙用户频繁更换外地网络时，注册次数增多，加重了整个网络的负荷，特别是蓝牙用户离家乡代理较远时，将占用不少的带宽。另外，当一个家乡代理负责的蓝牙用户数目过多时，注册带来的信息量将成为家乡代理的一大负担。由此引出了如何进行注册优化的问题。通过注册消息局部化来减小注册的开销是一个可行方案。该方案的实质就是对网络按照分层代理的原则进行分区管理，家乡代理只存储蓝牙用户的大概位置，即它在哪个区域。蓝牙用户在区域内的位置变化不用向家乡代理报告，只有跨区域移动时才通知家乡代理。发往蓝牙用户的消息先被家乡代理转交给所在的区域的服务器，区域内的服务器负责将消息交给蓝牙用户。蓝牙用户在区域内移动时，位置变化只在区域内传播，不会增加区域外网络的负荷。

在这种方案下，外地代理按照树状的分组方式组织。家乡代理只存储当前根外地代理的地址，每个外地代理存储蓝牙用户所在的下一级代理的地址，每个外地代理广播从根到叶的路径上代理组成的向量。蓝牙用户越区切换后，比较收到的旧消息和新消息，向新、旧外地代理的最低共同父结点注册新位置，只有蓝牙用户切换出根外地代理的范围时，才会向家乡代理发起注册。

7.4 无线局域网的 IP 移动性支持

7.4.1 无线局域网的概念和组成

1. 无线局域网的组成结构

一般来讲，凡是采用无线传输媒体的局域网都可以称为无线局域网。图 7-9 给出了无线局域网的组成示意图。我们把连接在网中的设备称为站，这些站可以是台式计算机、笔记本计算机，也可以是其他智能设备，如手机、PDA、智能控制装置等。如果从站的移动性来分类的话，局域网中的站可分成三类：固定站、半移动站和移动站。

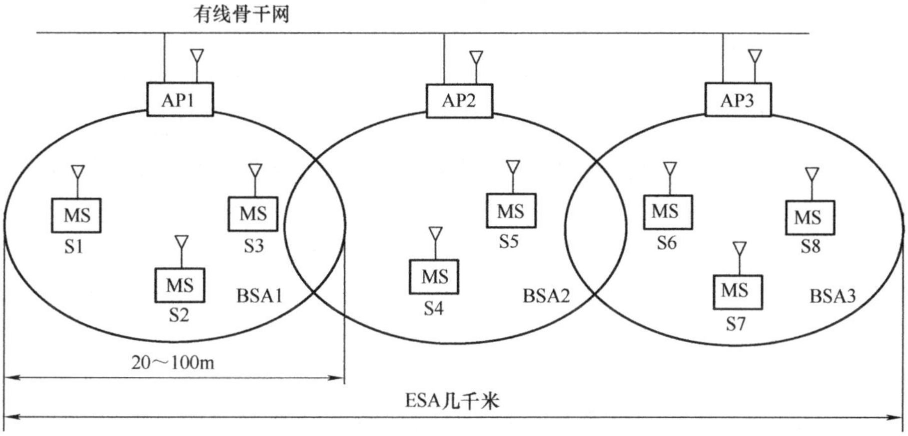

图 7-9　无线局域网的组成示意图

固定站是指固定使用的台式计算机，半移动站是指经常改变使用场所的站，但在移动状态下并不要求保持与网络的通信，而移动站如同移动电话一样，它在移动中也可保持与网络的通信。

在天线辐射功率一定的情况下，由于使用无线媒介，无线局域网中站和站之间的通信距离受到限制。通常，通信距离因应用环境而不同。我们把无线局域网可覆盖的区域称为服务区域（Service Area）。服务区域又可分为基本服务区域（BSA）和扩展服务区域（ESA）。BSA 是指由无线局域网中站的无线收发机及地理环境所确定的通信覆盖区域，它也常被称为小区（Cell）。对网络用户来讲，希望 BSA 越大越好。然而，考虑到无线资源（如频率资源）的有效利用和无线通信技术上的限制，BSA 不可能太大，通常 BSA 的范围在 100m 以内，也就是说，BSA 中两个相距最远的站应该在 100m 以内。

为了扩大无线局域网的覆盖区域，通常采用图 7-9 所示的方法，即使用无线接入点（AP）把 BSA 与骨干网（通常为有线局域网）相连。与同一个骨干网相连的多个 BSA 中的站经由 AP 与有线骨干网相连，从而构成了 ESA。典型的 ESA 的覆盖范围与有线局域网一样，为几千米。

在 ESA 中，AP 除了完成无线 / 有线的桥接作用外，还确定了一个 BSA 的地理位置。

2. BSA 的构成

如上所述，BSA 是构成无线局域网的最小单元，类似于蜂窝移动通信系统中的小区，但它与小区有明显的差异：蜂窝移动通信系统中的小区采用集中控制方式组网，也就是说网中的站一定要经过小区中的基站方可相互通信，但 BSA 的组网方式并不限于集中控制方式。

BSA 的组网方式通常有三种：无中心的分布对等方式、有中心的集中控制方式以及上述两种方式的混合方式。

在分布对等方式下，BSA 中任意两站可相互直接通信，无须设中心转接站。这时 MAC 功能由各站分布式管理。网上的站共享一个无线信道，通常使用带冲突避免的载波感应多路访问（CSMA/CA）作为 MAC 协议。这种方式的特点是结构简单、易维护。由于采用分布对等方式，某一站的故障不会影响整个 BSA 的运行。

在集中控制方式下，BSA 中设置一个中心控制站，主要完成 MAC 控制及信道分配等功能。网络中的其他站在该中心站的协调下与其他站通信。由于对信道资源分配、MAC 控制采用集中控制的方式，因此信道利用率大大提高，网络的吞吐量性能优于分布对等方式。当然引入中心控制站也使 BSA 结构复杂，且中心控制站需要进行信道资源的分配、站点的管理等较复杂的处理。

第三种方式则是前两种方式的组合，即分布对等方式与集中控制方式的混合方式。在这种方式下，BSA 中的任意两站均可直接通信，而中心控制站完成部分无线信道资源的控制。

可以进一步比较以上三种组网方式的覆盖区域。设 BSA 中任意一站的有效通信距离为 r，在分布对等方式及混合方式下，由于需要任意两站都能直接通信，故 BSA 的覆盖区域为一个半径为 r/2 的圆形区域。另外，由于集中控制方式要求 BSA 的任意一站能与中心控制站直接通信即可，如把中心控制站放置在 BSA 的中心位置，则其覆盖区域是一个半径为 r 的圆形区域。

综上所述，可以得出这样的结论：分布对等方式结构简单、使用方便，但 BSA 覆盖区域较小，适合小规模的网络环境。集中控制方式需要引入比较昂贵、复杂的中心控制站，但其 BSA 覆盖区域较大，适合较大规模的网络环境。混合方式采取分层结构，吸取分布式与集中控制式的优点，避免了两者的缺点。

3. BSA 间的干扰

当多个 BSA 相距较近时，BSA 间的干扰就成为很大的问题。因为使用无线传输媒体，其他 BSA 的无线信号可能会辐射出其覆盖范围，这些泄露及其他 BSA 的信号就成为 BSA 的干扰。为了解决 BSA 间的干扰，最简单的手段就是采取信道切换的方法，也就是说，使相邻的 BSA 使用不同的无线信道。通常使用频分多址或码分多址的方法实现信道的切换。频分多址是把可用的频段分成若干个频段，每个子频段对应一个信道，而一个 BSA 仅使用其中的一个信道。码分多址采用伪随机码来区分不同的信道。由于伪随机码具有良好的自相关特性，每个 BSA 可使用唯一的伪随机码来完成本 BSA 内的通信。当然使用不同伪随机码的相邻 BSA 间仍会相互干扰，这些干扰限制了一定区域内可正常通信的 BSA 的个数。

4. 站的移动

半移动站及移动站通常可在 BSA 及 ESA 内自由移动，因此，某一 BSA 内的站的数量会随着时间不间断地变化。如果把站的移动限制在某一 BSA 范围内，由于构成 BSA 的站并没有发生变化，故这种移动并不对 BSA 产生影响。然而对于在 BSA 间或 ESA 内的移动而言，由于移动站必须从一个 BSA 切换至另一个 BSA（切换 AP），与移动相关联的两个 BSA 的构成情况均发生变化，故需要对该移动进行专门的管理。移动管理包括以下几个方面：登录管理、认证管理及移动管理。

（1）登录管理

某一站启动时，首先应寻找自己所在的 BSA，向该 BSA 的 AP 登录，并获得该 BSA 的相关信息，如 BSA 标识、信道号等。当某一站脱离原 BSA 移动至另一个新的 BSA 时，应向新的 BSA 中的 AP 重新登录，同时新的 BSA 中的 AP 应把该站移动的信息通知原 BSA 中的 AP。

（2）认证管理

在支持移动的网络中，认证管理是网络安全所必需的。通常只有那些办理过入网手续的用户才可以接入网络，这样的用户称为合法用户。BSA 或 ESA 保存有其服务区域内合法用户的名单。即使某站使用与合法用户一样的物理层设备与上层协议，但如果其是非法用户，它仍然不能接入相应的 BSA 或 ESA。某站向其他站表明自己是合法用户的过程称为认证。当某站初次登录到一个 BSA 时，该 BSA 同时应对该站进行认证处理。

（3）移动管理

所谓移动，是指半移动站或移动站在 BSA 间、ESA 间自由移动并可与移动前一样保持与网络的连接，当某一站在多个 BSA 间移动，而这些 BSA 经由有线骨干网构成一个逻辑网段时，其移动管理并不难。但当这些 BSA 分别属于不同的子网（如 IP 子网）时，移动管理将变得十分困难。无线局域网将处理在同一逻辑网段内的移动，即解决区域切换的问题。而跨越子网的移动将由网络层解决。

7.4.2 移动 IP 在无线局域网中的应用

无线局域网中可利用移动 IP 实现结点全移动性，同移动 IP 相结合，无线局域网能使移动站随时随地实现高速无线数据连接，并支持随之而来的各种应用。

在无线局域网中，没有移动 IP 功能扩展前，用户在不同 AP 之间移动时，只有在同一网段内的切换才能保持固定 IP 地址的移动，如果用户离开属于自己网络前缀的活动区域时，不得不修改计算机内原来的 IP 地址，或者进行 DHCP 方式重新获得一个临时的 IP 地址连接到网络中。这意味着用户只拥有在网络前缀与自己相同的子网中漫游的功能。移动 IP 应用于无线局域网，可保证用户采用自己固定的 IP 地址，在任何网络前缀的子网中实现漫游，从而在漫游过程中不发生任何通信中断。

1. 无线局域网中移动 IP 的配置

与前面移动 IP 在其他网络中的应用一样，在无线局域网中利用移动 IP 支持结点移动性时，也必须采用以下方式进行配置：

1）在无线局域网的每个网段内都必须至少配置一个家乡代理和外地代理，这样，才能允许移动结点随时随地得到移动代理的服务。注意，这里并没有要求给每个 AP 配置不同的代理，即可以多个 AP 共用移动代理，只要它们的网络前缀相同。

2）为每个移动结点指定其家乡网络、家乡代理和家乡地址，并要求移动结点至少与家乡代理之间存在安全关联。

2. 移动 IP 在无线局域网中的工作机制

在移动 IP 工作过程中，我们可以将 AP 看作具有类似网桥作用的设备，透明转发移动 IP 有关代理发现、注册消息和转发数据包，即此时 AP 工作于数据链路层，对于网络层来说是不可见的。

此时，对于系统来说，可能存在两种不同形式的切换，即无线局域网内部切换和移动 IP 中结点切换，如图 7-10 所示，下面分别进行分析。

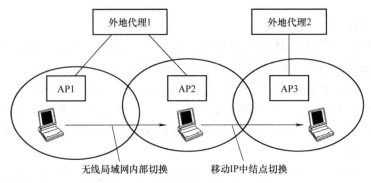

图 7-10　无线局域网中移动 IP 两种切换

从图中可以看出，AP1 和 AP2 属于同一网段，即它们拥有相同的网络前缀，因此共用一个外地代理 1。而 AP3 则属于另一个子网，外地代理 2 为其网络上的移动代理。考虑移动结点从 AP1 移动到 AP2 再到 AP3 覆盖区域的情况。首先，移动结点从 AP1 移动到 AP2，由于它们都属于同一子网，有着相同的网络前缀，因此，对于网络层来说，移动是不可见的，此时移动结点的移动性管理由无线局域网内部规程来实现，与移动 IP 无关。对于移动 IP 来说，它可以认为移动结点还在当前网络内，并未切换链路。

移动结点从 AP2 漫游到 AP3，由于这两个 AP 属于不同子网，如果未采用移动 IP 功能，则结点只有通过 DHCP 重新配置一个与 AP3 网络前缀相应的 IP 地址才能进行通信。采用移动 IP 技术后，移动结点可以采用自己的固定 IP 地址实现切换。同样，对于频繁地在不同网络前缀的 AP 之间切换的用户，可以考虑采用移动 IP 提供的多重绑定功能，防止经常进行注册。

思考题与习题

1. 请分析移动 IP 在移动通信系统中的应用方式。
2. 请分析移动 IP 在 LEO 卫星通信网络中的应用方式。
3. 请分析移动 IP 在蓝牙网中的应用方式。
4. 请分析移动 IP 在无线局域网中的应用方式。

第 8 章
战术互联网的 IP 移动性支持

在军事通信中，随着无线电台装备数量和类型的逐渐增多，电台的应用方式也从传统的独立网专（网络专向）、单网网络化发展到了多网互联互通，即战术互联网。自组（Ad Hoc）网络技术是战术互联网末端网广泛采用的组网技术，具有自组织、分布式、拓扑动态、多跳通信等典型特点。面向军事通信高机动性的应用需求，实现 IP 移动性支持也成为战术移动 Ad Hoc 网络中必须解决的问题。

本章首先介绍战术互联网的概念和发展，以及战术移动 Ad Hoc 网络的基本概念，然后对 Ad Hoc 网络中和移动 IP 密切相关的路由技术和与其他网络的互联技术进行详细介绍，最后探讨移动 IP 在移动 Ad Hoc 网络中的应用方法。

8.1 战术互联网

8.1.1 战术互联网的概念和发展

1. 从网专到网络化

早期的电台主要用于点到点通信，通过手键报传递战场态势，保障领导机关"运筹帷幄之间，决胜千里之外"。之后，随着电台的逐渐普及，电台逐渐向下配属。在作战过程中，为了确保各级电台正常工作，互不干扰，需要将各级电台划分为多个"网专"，每个网专独享一个特定频率。网专内部的多部电台之间采用点对点或者广播方式工作，完成特定的通信保障任务。

随着电台装备数量和类型逐渐增多，传统的网专方式规划困难、实施周期长、涉及面广，且动态调整困难，越来越无法满足快速有效实施作战的需求。

鉴于此，电台也逐渐走向组网，也就是将电台"有机地"组织在一起，"有序地"共享信道资源。这时，尽管与传统的网专一样，多部电台仍然占用同一个频率，但是由于"组织有力"，一个网络内可容纳的用户数量大大增加；且通信方式不再是单一的点到点或广播方式，用户可以随时跟网内的其他用户通话或发送数据，至于争用信道、数据和话音同时发送等问题，都交给无线网络协议区去解决。这就是所谓的"网络化"电台。"自动中继转发"是这种"网络化"电台的典型特征，即网络化电台不需要人工配置就可以通过其他电台中转发送数据。例如 A、B、C 三部电台，A 和 C 之间距离过远，无法直接通信，但是 B 位于 A、C 之间，它既可以与 A 通信，也可以与 C 通信，那么当 A 有数据发送给 C 时，可以不需要配置，通过 B 自动将数据中转给 C。

随着无线通信技术的发展，电台从传统的广播和点到点通信走向网络设备已经成为世界各国军队战场通信设备的发展趋势。美军在这一方面走在各国的前列，迄今为止，美军各兵种使用的电台已经基本实现了全部网络化。但是为了兼容老的电台模式，习惯上把传统的广播方式称为战斗网无线电（Combat Network Radio，CNR）模式，也就是传统的网专模式。而网络化电台对应的模式称为分组无线网（Packet Radio Network，PRN）模式，实际上指明了数据是以分组形式在无线网络里传播的。PRN 模式等同于目前迅速发展的无线自组网，即无线 Ad Hoc 网络。

2. 从单网网络化到多网互联互通

在电台发展的漫长历史区间中，不同兵种有不同的作战要求，对无线通信的需求也各不相同。因此为了适应不同的兵种，甚至适应不同场合下同一兵种的通信保障需求，不同类型的电台应运而生。电台的网络化只解决了同一种类型的电台组网，不同类型的电台由于其通信速率不同，电台的调制方式、编码方式等都不一样，因此不同类型的电台之间并不能互通。就美军来说，在陆地战场有三种典型电台，第一种是主要用于连以下战斗通信的单信道陆地与机载无线通信系统（SINCGARS）；第二种是主要用于指挥所之间数据通信和相对定位用的增强型位置报告系统（EPLRS）；第三种是用于实现指挥所高速互联的移动用户设备战术分组网（MSE TPN）。这三种电台网独立运行，无法互联互通。

电台网独立运行带来的最直接的问题就是指挥控制不方便，消息必须通过人工转接转述，增加了从最高级指挥所到作战平台之间的反应时间。例如，作战车辆（坦克、装甲车等）可以将自己发现的目标第一时间报告给在同一 SINCGARS 电台网的连长，但是连长必须手动打开 EPLRS 电台，向上级转述他收到的消息。而上级又必须启动 MSE，向更高级首长转述这一信息。这种通过人工处理、转接的模式无疑增加了作战人员的劳动强度。如果人员因为某种原因不在位或没有及时反应，就有可能导致信息无法及时上报或下达。

为了解决这一问题，美军启动了单一电台网的互联互通工程。即在这些电台网之间，通过一些新研制的互联网控制器（Internet Network Control，INC）和战术多网网关（Tactical Multimet Gateway，TMG），把三个电台网连成一张网，从而解决跨网信息交流的难题。这样形成的一张网，被命名为"战术互联网"（Tactical Internet，TI），如图 8-1 所示。

从战术互联网开始，电台进入网络化时代。每部电台不再只能和同一频段上的一个或多个电台通信，而是加入一个网络后，理论上可以和位于该网络内的任意一部或多部电台通信。这些电台可能与发起通信的这部电台并不在一个频段上，也不处于同一个电台信号覆盖区域内，但是它们之间可以通过其他电台的转接以及电台之间控制转换设备（如INC）自动转接通信。

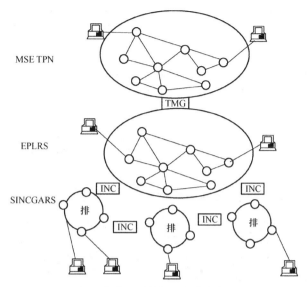

图 8-1　美军战术互联网实现多个电台网络互联

8.1.2　战术移动 Ad Hoc 网络

1. 战术互联网层次结构

战术互联网是一个覆盖集团军、师（旅）一级规模的战役战术通信网，其覆盖范围广，设计要素多，而且从作战和日常行动规则上说，各要素之间存在明显的层级关系，因此采用分层多级的总体结构实现战术互联网是恰当的，以适应部队常规作战的体制和结构需求。在分层多级的总体结构下，从简化指挥层次、提高反应速度等角度考虑，战场网络发展趋势又趋于扁平化。

按照信道类型划分，战术互联网可以分为战术电台互联网、野战综合业务数字网、升空平台通信系统和机动卫星通信系统 4 个部分。其中，战术互联网主要由野战综合业务数字网和战术电台互联网有机融合而成，并通过机动卫星通信系统和升空平台通信系统延伸通信范围、实现远程视距通信以及接入战略核心网，其基本层次概念如图 8-2 所示。

2. 战术移动 Ad Hoc 网络

战术互联网与因特网技术同源，它的协议基本体制来源于商用互联网，并且基本沿用了商用互联网 IP 的整体架构。但是，与商用互联网相比，战术互联网最重要的特征就是它的末端网络广泛采用了 Ad Hoc 网络技术，而 Ad Hoc 网络技术在商用互联网里则相对应用较少。因此，Ad Hoc 网络技术也被视为战术互联网区别于因特网的重要技术。

战术移动 Ad Hoc 网络是以 Ad Hoc 网络技术为基础，是互联的战术无线电台的集合。它由无线电台、路由器、计算机硬件和软件组成，同时融合战场态势感知、指挥及控制系统，使作战部队从依赖于地理连接向依赖于电子信息连接转移，作战指挥从相对机动的战术指挥所向高度移动的指挥所转移。

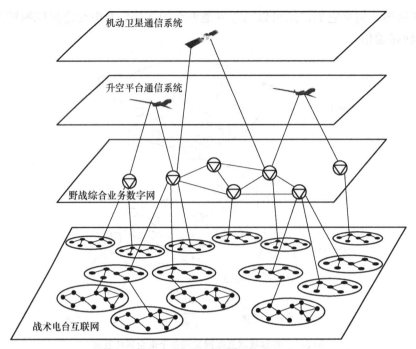

图 8-2　战术互联网基本层次概念示意图

战术移动 Ad Hoc 网络的主要任务是为师（旅）或师（旅）以下作战部队提供通信保障，主要由便携式或车载式的野战通信装备（战术电台）组成，通信手段以移动通信为主。其主要功能包括：

- 实现指挥控制数据的无缝交换。
- 提供战场态势感知数据的传播。
- 满足部队移动中通信的需求。
- 可与其他通信系统互联，从而达到战术级至战略级的完全互通。
- 具有网络初始化及管理功能。

由于野战环境和战术应用的特殊性，使得战术移动 Ad Hoc 网络除了具有一般移动 Ad Hoc 网络的特点外，还有其自身的特性：

- 要求适应恶劣战场环境，在复杂电子干扰条件下具有抗干扰能力和高鲁棒性。
- 具有战场环境下的高生存能力。
- 信源加密，保密性强。

对于战术移动 Ad Hoc 网络来说，其各电台结点的 IP 地址通常是战前规划，在整个作战过程中无法动态改变，因此要有很好的 IP 移动性支持技术保障其结点的移动性。

8.2　Ad Hoc 网络技术概述

8.2.1　Ad Hoc 网络的基本概念

无线 Ad Hoc 网络是一种无基础设施的移动网络，其结构示意图如图 8-3 所示。Ad

Hoc 一词来源于拉丁语，是"特别地、专门地为某一即将发生的特定目标、事件或局势而不为其他的"的意思。这里提出的"Ad Hoc 技术"所标称的就是一种无线特定的网络结构，强调的是多跳、自组织、无中心的概念，所以国内一般把基于 Ad Hoc 技术的网络译为"自组网"，或者"多跳网"等。

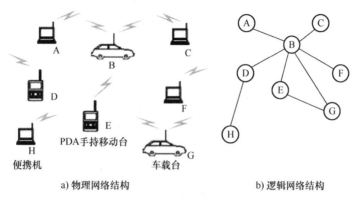

图 8-3 无线 Ad Hoc 网络结构示意图

Ad Hoc 网络是一种自治的无线多跳网，整个网络没有固定的基础设施，也没有固定的路由器，所有结点都是移动的，并且都能以任意方式动态地保持与其他结点的联系。在这种环境中，由于终端的无线覆盖范围有限，两个无法直接进行通信的用户终端可以借助于其他结点进行分组转发。每一个结点都可以说是一个路由器，它们具有发现和维持到其他结点路由的功能。

Ad Hoc 技术起源于 20 世纪 70 年代的美国军事领域，它是在美国国防部高级研究计划局（DARPA）资助研究的"战场环境中的无线分组数据网（PRNET）"项目中产生的一种新型的网络构架技术。DARPA 当时所提出的网络是一种服务于军方的无线分组网络，实现基于该种网络的数据通信。后来，DARPA 又于 1983 年和 1994 年分别资助进行了抗毁可适应性网络（Survivable Adaptive Network，SURAN）和全球移动信息系统（Global Mobile Information System，GloMo）两个项目的研究，以便能够建立某些特殊环境或紧急情况下的无线通信网络。Ad Hoc 技术就是吸取了 PRNET、SURAN 以及 GloMo 等项目的组网思想，从而产生的一种新型的网络构架技术。

随着移动通信和移动终端技术的高速发展，Ad Hoc 技术不但在军事领域中得到了充分的发展，而且也在商用移动通信中得到了应用，尤其是在一些特殊的工作环境中，比如所在的工作场地没有可以利用的设备或者由于某种因素的限制（投入、安全、政策等）不能使用已有的网络通信基础设施时，用户之间的信息交流以及协同工作就需要利用 Ad Hoc 技术完成通信网络的立即部署，满足用户对移动数据通信的需求。

基于 Ad Hoc 技术的 Ad Hoc 网络是一种临时自治的分布式系统，其终端具有无中心接入和多跳等特征。这些特性使得 Ad Hoc 技术涉及开放系统互联（OSI）分层模型中的每一个层面，包括媒介访问、路由、组播路由、电源能量管理、业务质量、安全、传输层问题等。其中，Ad Hoc 网络的路由问题尤其关键，IETF 成立了移动 Ad Hoc 网络（MANET）

工作组专门从事 Ad Hoc 网络路由协议及其性能评定的研究。在 Ad Hoc 网络中，MANET 被认为是移动通信系统解决方案中最有希望被采用的末端网络。

与蜂窝移动通信网络、无线局域网等其他通信网络相比，Ad Hoc 网络具有以下特征：

1）网络的自组性。Ad Hoc 网络可以在任何时刻任何地方构建，而不需要现有的信息基础网络设施的支持，形成一个自由移动的通信网络。Ad Hoc 网络可以在独立的环境下运行，也可以通过网关连接到现有的网络基础设施上，如因特网或者蜂窝核心网。在后面这种情况中，Ad Hoc 网络通常以一个末端网络的方式连接进入现有网络。

2）动态网络的拓扑结构。从网络的网络层来看，Ad Hoc 网络中，移动用户可以以任意的速度和任意方式在网络中移动，加上无线发送装置发送功率的变化、无线信道间的相互干扰因素、地形因素等的影响，结点间通过无线信道形成的网络拓扑结构随时都会发生变化。组网通常是由于某个特定原因而临时创建的，使用结束后，网络环境将会自动消失。Ad Hoc 网络的生存时间相对于固定网络而言是短暂的。

3）多跳通信。由于无线收发机的信号传播范围有限，Ad Hoc 网络要求支持多跳通信，两个无法直接通信的用户终端可以借助其他终端的分组转发进行数据通信。在 Ad Hoc 网络中，结点兼备主机和路由器两种角色。一方面，结点作为主机运行相关的协同应用程序；另一方面，结点作为路由器需要运行相关的路由协议，进行路由发现、路由维护等常见的路由操作，对接收到的信宿不是自己的分组需要进行分组转发。

4）有限的无线传输带宽和变化的链路容量。无线信道本身的物理特性使 Ad Hoc 网络的网络带宽相对有线方式要低得多，另外还要考虑无线信道竞争时所产生的信号衰落、碰撞、阻塞、噪声干扰等因素，这使得实际带宽要小得多。

5）移动终端的有限性。Ad Hoc 网络中的移动用户终端内存小、CPU 处理能力低、所带电源有限使得 Ad Hoc 网络设计更加困难。

6）网络的分布式。无线 Ad Hoc 网络中的用户结点都兼备独立路由和主机功能，不存在一个网络中心控制点，用户结点之间的地位是平等的，网络路由协议通常采用分布控制方式，因而具有很强的鲁棒性和抗毁性。而在常规通信网络中，由于存在基站、网控中心或路由器这样一类集中控制设备，用户终端与它们所处的地位不是对等的。

7）安全性差。移动无线网络由于采用无线信道、有限电源、分布式控制等原因，会比有线网络更易受到安全性的威胁。这些安全性的攻击包括窃听、入侵、网络攻击和拒绝服务等。

8）网络的可扩展性不强。由于采用 TCP/IP 中的子网技术使得因特网具有网络的可扩展性，而 Ad Hoc 网络动态变化的拓扑结构使得子网技术所带来的网络可扩展性不能得到应用。

8.2.2 Ad Hoc 网络路由技术

在 Ad Hoc 网络里，移动结点通过多跳无线链路实现相互间的通信。整个网络没有固定的基础设施，网络内每一个结点都可作为路由器，向其他结点转发数据分组。开发一种能有效地找到结点间路由的动态路由协议就成为 Ad Hoc 网络设计的关键。Ad Hoc 网络路由协议需要能够实现以下的功能。

1. 感知网络拓扑结构的变化

Ad Hoc 网络路由协议要能够检测到网络拓扑的动态变化。因为 Ad Hoc 网络需要进行多跳通信,网络中的结点必须知道它的周围环境中可以与它直接进行通信的结点。Ad Hoc 网络中提供网络连接的结构主要有两种:平面路由网络结构和分层路由网络结构,如图 8-4 所示。在平面路由网络结构中,所有的结点都是平级的,分组的路由是基于对等的连接。但是在分层路由结构中,较低层至少要有一个结点作为与高层联系的网关。

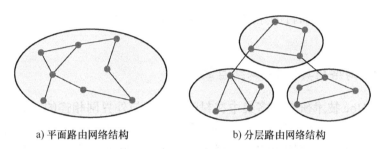

a) 平面路由网络结构　　　　b) 分层路由网络结构

图 8-4　Ad Hoc 网络中的两种路由网络结构

2. 维护网络拓扑的连接

因为每个移动结点都可以随时改变位置,所以网络拓扑是频繁变化的。这样,Ad Hoc 路由协议为了维持结点之间的链路具有较强的连接性,必须动态更新链路状态和对自己重新配置。如果采用中心控制的路由算法,为了把结点链路状态的改变传送到所有的结点,就会消耗过多的时间和精力,显然是不适合的。所以要采用一种全分布式的路由算法。

3. 高度自适应的路由

相对于有线网络里的静态结点,Ad Hoc 网络要求一个高度自适应的路由机制,来处理快速的拓扑变化。而传统的路由协议(如距离矢量和链路状态算法),要求在指定路由器间交换大量路由信息,在 Ad Hoc 网络里都不能有效地工作。所以针对 Ad Hoc 网络的特点,提出了新的路由协议。总的来说,这些路由协议可以分为三种类型:表驱动路由协议、需求驱动路由协议、表驱动和需求驱动混合的路由协议。

表驱动路由协议采用周期性的路由分组广播来交换路由信息。每个结点维护去往全网所有结点的路由。其优点是当结点需要发送一个去往其他结点的数据分组时,只要路由存在,发送分组的延时就很小;缺点是需花费较高代价(如带宽、电源、CPU 资源等),使路由表能够跟上当前网络拓扑结构的变化,但动态变化的拓扑结构又可能使高价得来的路由表内容变成无效信息,路由协议始终处于不收敛状态。

需求驱动路由协议是根据发送结点的需要,按需进行路由发现过程,网络拓扑结构和路由表内容也是按需建立的,所以其内容可能仅仅是整个网络拓扑结构信息的一部分。

其优点是不需要周期性的广播路由信息，节省了一定的网络资源；缺点是在发送数据分组时，因没有去往目的结点的路由，要临时启动路由发现过程来寻找路由，所以数据分组需要等待一定时间的延时，并且由于路由发现过程通常采用全网泛洪机制进行搜索，这在一定程度上也抵消了按需机制带来的好处。

混合驱动路由协议是对表驱动路由协议和需求驱动路由协议的综合，它先在局部范围内使用表驱动路由协议，缩小路由控制消息传播的范围，当目标结点较远时，再通过按需驱动路由协议查找发现路由，这样就均衡了路由协议的控制开销和时延两个性能指标。

目前，大多数 Ad Hoc 网络路由协议采用的是需求驱动路由协议，其中，具有代表性的包括动态资源路由（DSR）协议、Ad Hoc 请求距离向量（AODV）协议和定位辅助路由（LAR）协议等，而目的序列距离矢量路由（DSDV）协议则是典型的表驱动路由协议。

8.2.3 Ad Hoc 网络与其他 IP 网络互联

传统的 Ad Hoc 技术研究大多集中在封闭的、不与外界网相连的 Ad Hoc 网络，对其拓扑、路由、安全等技术进行研究。但是从图 8-2 所示的战术互联网架构中，以 Ad Hoc 技术为支撑的战术电台互联网也需要与野战综合业务数字网，或者升空平台通信系统、机动卫星通信系统等其他网络实现互联互通。在网络层协议上，尤其是当 Ad Hoc 网络内部采用按需路由机制时，Ad Hoc 网络与其他 IP 网络互联存在很多问题。

我们以 Ad Hoc 网络和固定因特网互联来描述这个问题。如果一个 Ad Hoc 网络要像其他网络一样可以在因特网中进行路由的话，就必须给它分配一个网络 ID，同时 Ad Hoc 网络中的所有结点都使用该网络 ID。在这种情况下，Ad Hoc 网络与常规因特网不同的就是它的多跳通信，即 Ad Hoc 网络中无法保证所有结点之间都有直连链路。结点发出数据包可能需要 Ad Hoc 网络内转发，才能到达连接固定因特网的默认网关。

默认路由是固定因特网中很重要的一种路由，主机发给非本子网用户的数据包都可以用默认路由。但是在独立 Ad Hoc 网络中，接收者要么在 Ad Hoc 网络中是可达的，要么根本就不可达，默认路由没有意义。其结果是，Ad Hoc 网络中的路由通常仅采用主机路由，而没有默认路由。因此 Ad Hoc 网络与固定因特网互联必须考虑两种路由的协调问题。下面分别对 Ad Hoc 网络发往因特网及因特网发给 Ad Hoc 网络的数据包路由机制进行分析。

1. 从 Ad Hoc 网络发送数据包到因特网

由于 Ad Hoc 网络连接在因特网上，因此至少需要有一个结点位于 Ad Hoc 网络和其他因特网的边界上，即因特网网关。因特网网关至少需要一个可以与因特网其他部分通信的 IP 地址。

如果 Ad Hoc 网络有一个分配给它的网络 ID，且 Ad Hoc 网络内的所有结点都使用这个网络 ID，那么 Ad Hoc 网络结点可能在路由表中存储默认路由和网络路由，并采用与通常 IP 路由相同的查询机制。当目的地址位于其他网络，即目的地址的网络 ID 与 Ad Hoc 网络不一样时，可以采用常规 IP 路由的查询机制。但当目的地址位于 Ad Hoc 网络内，即与源结点本身采用相同网络 ID 时，查询机制需要进行改动。此时必须采用主机路由，如果不存在这种路由，必须启动路由发现机制来发现 Ad Hoc 网络内的主机路由。此时结点不应该采用默认路由，因为这种路由可能会将路由引到因特网上。

但是，如果 Ad Hoc 网络没有网络 ID，即网络中结点采用任意 IP 地址，就无法如上所述通过简单查看目的地址的网络 ID 来判断一个目的地址是否在 Ad Hoc 网络内。而必须在 Ad Hoc 网络内查找目的地址，才能判断它是否属于该 Ad Hoc 网络。其缺点是在一个移动结点能够发送数据包到因特网之前，结点需要判断目的地址是否位于 Ad Hoc 网络，增加了数据包等待时延。

将 Ad Hoc 路由网络和默认路由相结合有两种方案：一种是通过因特网网关发送，称为代理路由应答；一种是将数据包隧道到因特网网关。

（1）代理路由应答

如果在一个独立的 Ad Hoc 网络中有多条可能到达目的地的路由，发送路由请求的结点可能会得到多个路由应答。所有这些路由都会将数据包转发给同一个物理位置，因此可以使用任何一条路由。考虑图 8-5 中的情况，当 A 需要和 B 进行通信时，有两条可能的路径，即 R1 和 R2，它们都可以将数据包转发给 B。

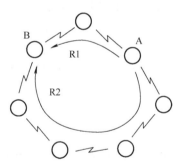

图 8-5　在一个独立的 Ad Hoc 网络中的多路由

但是，如果独立的 Ad Hoc 网络与因特网相连，且因特网网关采用其已经建立的网络及默认路由对路由请求进行应答，那么发送路由请求的结点可能会接收到不同的路由应答，而且这些路由的目的物理地址可能是不同的。考虑图 8-6 的情况，A 结点发送一个到 B 结点的路由请求，B 结点接收到这个请求，并发送回一个路由应答。与此同时，因特网网关 G 也接收到该请求，由于它有 B 结点的网络路由，因此它也会发送一个路由应答。只要结点 A 能够判断 G 所宣告的路由 R2 事实上是一条网络路由，就可以判断应使用路由 R1，即直接到 B 结点的主机路由。但是，A 和 G 之间存在一些不知道与 B 直接路由（路由 R1）的结点，如果这些结点要和 B 结点进行通信，它们会查看路由表，并找到 G 宣告的路由 R2。

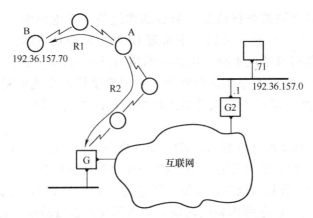

图 8-6 目的地相同但物理位置不同情况下的多路由

可以采用以下方法解决这个问题：

1）修改 IP 的查询机制。这样，一个结点只使用主机路由来转发它自己产生的数据包，其他路由只能用来转发其他结点的数据包。这意味着对于图 8-6 的情况，对于 A 产生的数据包，A 和 G 之间的结点就会使用路由 R2。然而如果它们自己要和 B 通信的话，就会发送一个它们自己的路由请求，以发现 Ad Hoc 网络内到 B 的路由。

2）让结点 A 将路由 R1 通知 G 路径上的所有结点。这可以通过在 R2 上发送一个路由应答或路由错误消息给 G 来实现。采用这种方法，R2 路径上的结点都会将它们到 B 的路由变成经过 A。这种方法的好处在于 IP 的查询机制可以保持不变，但并不是一个鲁棒的解决方案，因为路由应答/错误消息可能丢失。而且这样的方法使得 R2 路径上的结点通过 A 将数据包送给 B，在图 8-6 中这确实是一条最佳路由，但在更复杂的情况下，到 B 可能还存在更好的路由。为了找到更好的路由，R2 路径上的结点必须发送它们自己的路由请求。

（2）隧道

通过使用隧道则可以使默认路由与按需 Ad Hoc 网络路由协议如 AODV、DSR 很好地结合而无须进行大的改动。假设移动结点知道因特网网关，在隧道的方法中，移动结点按以下方式搜索路由表：

- 查找路由表中是否存在完全匹配 IP 目的地址的表项。如果存在，选择该路由。
- 使用路由发现机制，尝试在 Ad Hoc 网络中找到主机路由。如果存在，使用该路由。
- 否则，将数据包通过隧道发给因特网网关。隧道可以用封装或源路由来实现。

为了将数据包隧道发给因特网网关，结点必须到网关的路由。如果没有，在使用隧道前要先用路由发现机制。

如果结点不知道任何因特网网关，它就不用隧道发送该数据包，而认为该地址不可达。通过很多种方法都可以使 Ad Hoc 网络中的结点知道有一个因特网网关存在的消息。可以采用移动 IP 的机制，也可以将路由发现机制与路由协议合作，或使用 ICMP 路由器广播。

当因特网网关接收到来自 Ad Hoc 网络结点的隧道数据包，它可以使用所有它用常规路由协议所生成的路由信息，包括默认路由和网络路由。Ad Hoc 网络中那些只想与 Ad

Hoc 网络内的其他结点进行通信，而不想与因特网上主机通信的结点，则不需要知道有关因特网和隧道等。它们只要查看 Ad Hoc 网络内结点间的路由，因为目的地址在 Ad Hoc 网络之外的数据包都被隧道至因特网网关处，路由到 Ad Hoc 网络外的路由信息不在 Ad Hoc 网络内发布。

再考虑图 8-6 中的情况，如果让 R2 路径上的结点建立起以 G 为目的地址的路由，而不是以 B 为目的地址，那么它们就不知道任何到 B 的路由，也就没有问题了。如果 A 判断它应该使用通过 G 的路由来到达 B，它就会将数据包隧道给 G，然后通过 R2 发送给 B。

2. 从因特网发送数据包到 Ad Hoc 网络

使用任意 IP 地址的 Ad Hoc 网络结点需要因特网中其他部分能够访问到它，即允许因特网上的其他主机可以路由到 Ad Hoc 网络结点的 IP 地址。可以采用三种方式实现这种路由：移动 IP 外地代理、网络地址转换以及 DHCP。

（1）移动 IP 外地代理

由于移动 IP 外地代理可以用一个转交地址为多个访问结点服务，因此，访问结点就可以用任意家乡地址连接到因特网的任意网络上。按照移动 IP 的解决思路，将 Ad Hoc 网络中需要接入因特网的结点当作访问结点，并让它们通过外地代理进行注册即可。

这种解决方案的一个问题是，根据移动 IP 工作机制，访问结点必须与它们的外地代理有数据链路层连接。由于 Ad Hoc 网络中不能保证数据链路层连接性，因此，必须对外地代理和访问结点之间的通信进行一些修改。

采用隧道机制和移动 IP 外地代理一起工作的一个好处在于，注册过的访问结点知道隧道可以到达的因特网网关，即它们注册的外地代理。这样就可按以下方式使用隧道机制：当一个访问结点注册到外地代理上，它就通知路由协议现在可以将数据包隧道到 Ad Hoc 网络外。如果注册过的访问结点不能采用路由发现机制发现一个结点，它应该为有疑问的目的地址生成一条主机路由，并将它放在路由表中。这条主机路由应该将数据包引至一个虚拟接口，使它们用外地代理为 IP 目的地址进行封装，并将它送回网络层，路由至外地代理。

对于另一个方向的数据包，即从外地代理到移动结点，可以采用常规 Ad Hoc 网络路由。由于外地代理到移动结点之间的路由都包含在 Ad Hoc 网络中，因此不需要使用隧道。

使用这种解决方案，只有注册过的访问结点可以接入因特网；来自因特网的数据包，只有那些从已注册移动结点家乡代理通过隧道发给外地代理的，可以进入 Ad Hoc 网络；只有从已注册结点通过隧道给外地代理的数据包可以发出 Ad Hoc 网络。

（2）网络地址转换

网络地址转换（NAT）用于采用有限个有效 IP 地址（至少一个）将私网与因特网互联的情况。私网地址被映射到可以透明路由到终端结点的有效 IP 地址。但由于 NAT 通常与应用无关，只是对 IP/TCP/UDP/ICMP 报头进行修改，因此使用 NAT 在一些情况下会有问题，如对于以某种方式交换 IP 地址的应用就会出问题。

NAT 通常假设私网内的地址在因特网中不合法。如果私网中使用的地址也可以在因特网中使用的话，情况就会变得更复杂。有一种称为双倍 NAT 的方案，它采用 DNS 将重叠地址映射成非重叠地址。因此，私网中的结点不能直接使用因特网上结点的 IP 地址，而是要使用它自己的 DNS 来查找该使用哪个 IP 地址。

总之，NAT 就是一个可以在许多情况下使用的因特网网关，但它可能出现一些限制，特别是当任意 IP 地址都可以出现在 Ad Hoc 网络中时。

（3）DHCP

如果因特网网关分配了一个网络 ID，且在网络地址空间中有未用地址，那么因特网网关就可以运行 DHCP 将那些未用地址动态分配给那些要访问因特网的 Ad Hoc 网络结点。但是，DHCP 的设计并不是针对 Ad Hoc 网络这样的多跳 IP 通信，因此，需要对它进行修改。

8.3 移动 IP 在移动 Ad Hoc 网络中的应用

8.3.1 移动 IP 在 MANET 中应用的问题

移动 IP 与 MANET 都可支持结点的移动性，将移动 IP 技术应用于 MANET 中，解决 Ad Hoc 网络漫游问题，可以使网内移动结点无论漫游到何处，都使用自己的家乡地址进行通信，这对于移动 IP 和 MANET 来说都是很有意义的，对于战术移动 Ad Hoc 网络的安全性、连通性更为重要。移动 IP 在 MANET 中的应用技术可以记为 MIPMANET。

8.2.3 节描述了移动 Ad Hoc 网络与因特网连接的不同方法，其中一些方法可用于 MIPMANET 的解决方案。前面我们说采用隧道机制来避免对下面路由协议进行大的改动。隧道的另一个优点在于它可以处理结点采用任意地址所引起的重叠地址空间问题（即 Ad Hoc 网络内存在的地址在因特网上也合法）。而且使用外地代理的移动 IP，使因特网结点可以访问到 Ad Hoc 网络内移动结点。这种方法的优点在于它允许任意地址出现在 Ad Hoc 网络，且一旦结点通过注册，它就有了一个可以隧道的因特网网关。图 8-7 中给出了 MIPMANET 的功能分层，其中，需要与固定因特网对端结点（CN）进行通信的应用只要知道对端结点就可以了。移动 IP 需要知道访问结点位于哪个 Ad Hoc 网络中，并将数据包发送给 Ad Hoc 网络的网关结点，即外地代理（FA）。在外地代理和访问结点之间建立起 Ad Hoc 网络路由以转发数据包。

1. 存在的主要问题

由于 Ad Hoc 网络与固定因特网有着实质性的不同，而移动 IP 是针对固定因特网设计的，因此用于移动 Ad Hoc 网络中有一些问题必须考虑。

Ad Hoc 网络的一个主要特征就是它允许多跳通信，实际上通常也需要多跳。而反过来移动 IP 设计时要求外地代理和移动结点在同一条链路上。当它们有链路连接性时，发给移动结点的数据包通过数据链路层地址送往外地代理。在一个 Ad Hoc 网络中，外地代理和移动结点之间可能不存在链路连接性，而需要使用多跳通信。在 Ad Hoc 中应用移动 IP 必须依赖于 Ad Hoc 网络的路由协议实现外地代理和移动结点之间的通信。

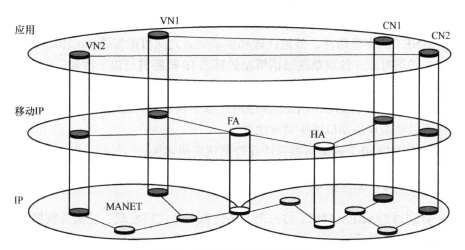

图 8-7　MIPMANET 的功能分层

图 8-8 表示外地代理不能使用其访问者列表中的数据链路层地址来转发数据包给移动结点（VN）的情形。图中移动结点在外地网络的数据链路层连接性从结点 A 转到结点 B，如果使用常规移动 IP，那么 FA 会将移动结点的家乡地址与 A 的数据链路层地址相关联。因此就会尝试将发给外地网络中移动结点的数据包转发给 A 的数据链路层地址。相反，如果 FA 依赖路由协议来查找到外地网络的路由，它就会将发给移动结点的数据包通过 B 来发送而不会通过 A。

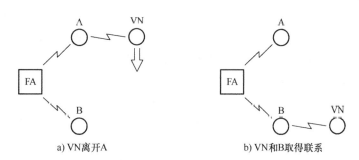

a) VN离开A　　　　　　　　　b) VN和B取得联系

图 8-8　移动结点改变数据链路层的连接性

2. MIPMANET 解决方案

MIPMANET 是一种将移动 IP 用于 MANET 网的技术，其主要思想如下：

1）使用移动 IP 外地代理作为因特网网关。

2）需要接入因特网的 Ad Hoc 网络结点在所有通信中使用它们的家乡地址，并通过外地代理注册。

3）发送数据包给因特网上的主机：隧道数据包给注册的外地代理。如果结点无法通过查看 IP 地址来判断目的地址是否位于 Ad Hoc 网络，那么在将数据包隧道发送之前先在 Ad Hoc 网络中查找访问结点。

4）接收来自因特网主机的数据包：数据包通过常规移动 IP 路由给外地代理，然后外地代理在 Ad Hoc 网络内将数据包发送给结点。

由于 MANET 的多跳特性，外地代理和移动结点之间可能需要 Ad Hoc 网络路由实现互联，因此，必须对原先针对单跳通信模型的移动 IP 机制进行以下改动：

1）代理广播消息不再周期性地广播，而只是周期性地单播发送给已注册结点。

2）对于代理请求可以在 Ad Hoc 网络内广播一条代理广播作为应答，而不采用单播发送。这样可以使结点协作以减少请求次数。

3）采用 MIPMANET 蜂窝切换算法在外地代理间切换。

8.3.2 MIPMANET 工作机制

下面，分别讨论 MIPMANET 的三个关键过程——代理发现、注册及数据包转发，以及 MIPMANET 互联单元。

1. 代理发现

（1）发代理广播的方式

移动代理发出的代理广播有两种，一种是对移动结点发出的代理请求消息进行响应，另一种是由移动代理周期性发出的。

对代理请求进行应答的代理广播发送方式可以在 Ad Hoc 网络内进行广播，也可以单播给发出代理请求的移动结点。显然，如果在 Ad Hoc 网络中大部分结点使用移动 IP，那么广播方式性能较好；反之则单播方式性能较好。

同样，周期性发送的代理广播在 Ad Hoc 网络中可以用广播方式发送给所有结点，也可以只单播给已注册的移动结点。如果采用广播方式，可以让移动结点使用它们所需的移动服务，对于移动 IP 功能而言会运行得更好一些。但另一方面，代理广播消息在 Ad Hoc 网络内广播需要各结点转发，这对于 Ad Hoc 网络来说可能开销太大。反之，采用单播形式，移动 IP 的功能可能受影响，使移动结点服务变差，但其优点就是网内流量减少，同时，那些不使用移动 IP 功能的结点不会受广播的影响。通常认为单播方式比广播方式更符合 Ad Hoc 网络按需路由的方式，因为在这种方法中，由结点本身决定它们是否需要接收外地代理的消息。

另外，在常规移动 IP 中，两次相连的代理广播之间间隔约为 1s。这对于 Ad Hoc 网络来说太频繁，建议将此间隔增加至 5s。

（2）移动检测

如果移动结点连续丢失 3 个外地代理发来的代理广播消息，就认为它已经与外地代理失去联系。此时若移动结点收到任何其他外地代理的未过期代理广播，它可直接选择该外地代理进行注册，否则它就发送一条代理请求消息。注意在 Ad Hoc 网络中，以跳数作为访问结点应该向哪一个外地代理注册的准则。

如果在 Ad Hoc 网络中将代理广播间隔增加至 5s，则代理广播有效期变成 15s。这对于移动检测来说是有负面影响的。在最坏的情况下，移动结点要等 15s 才能确认自己与外地代理失去联系。为了更快的移动检测，可以增加一个功能来使结点能够从下层协议反馈中判断自己已失去联系。如果结点需要向因特网发送一个数据包，它必须先将数据包发给外地代理。如果路由协议不能找到可达路由，它就会向封装者发送一条目的地址不可达消息。封装者就会通知移动 IP 它无法将数据包隧道给外地代理，那么移动 IP 就会认为已经与外地代理失去联系并开始查找新的外地代理。这种方法反馈的时间长度与所用的路由协议有关。

由于 Ad Hoc 网络拓扑结构经常变化，为了防止结点频繁在两个外地代理之间来回切换，可以使用 MIPMANET 蜂窝切换算法，来确认移动结点的切换时机。其准则是：当移动结点连续接收到两个代理广播，表明它与某一外地代理之间跳数最少，且比现在注册的外地代理至少少近两跳，那么移动结点将切换到该外地代理上。

图 8-9a 中 5 个使用移动 IP 的移动结点都通过外地代理 FA1 进行注册，结点 E 正向 FA2 移动。在图 8-9b 中，结点 E 与外地代理 FA2 联系上了。当 FA2 位于 E 的范围内时，它只对注册的结点周期性地单播代理广播消息，这时没有结点切换外地代理，因为它们不知道 FA2 的存在，如果 FA2 只向发送请求和注册的结点单播代理广播，那么这些结点在没有任何一个会向 FA2 进行注册，注册情形如图 8-9b 所示。只有在某些结点认为自己已经与 FA1 失去联系，并发送代理请求时，FA2 才会发送代理广播。如果 FA2 广播这条广播消息，那么所有的结点都会因这条请求消息而找到 FA2。反之，如果 FA2 只向请求结点发送单播消息，那么所有结点必须广播一条自己的请求消息。如果 FA2 周期性地广播代理广播消息，且已经发送出三条代理广告消息，那么情形就如图 8-9c 所示。最靠近 FA2 的两个结点 D 和 E 切换了外地代理。

由于在代理单播广播消息时，不会发生切换，因此更需要某种机制来尽快地检测结点是否已经与它的外地代理失去联系。

2. 注册及数据包转发

在 Ad Hoc 网络中，移动 IP 的注册和数据包转发机制可以采用 8.2.3 节所述的从 Ad Hoc 网络发送数据包到因特网的机制。简单地说，就是由移动 IP 建立起到移动结点到它所注册的外地代理之间的默认路由，发送给固定因特网上对端结点的数据包可以通过隧道发送给外地代理，而后由外地代理转发给对端结点。

移动结点到外地代理之间的通信可以采用反向隧道。当外地代理接收到来自隧道的数据包，可以将它拆封后直接发送给对端结点。

3. MIPMANET 互联单元

为了尽可能减少对移动 IP 进行改动，并且使用常规的外地代理源代码，可以在移动 IP 的外地代理和 Ad Hoc 网络之间引入一个独立的互联单元，称为 MIPMANET 互联单元 (Inter Working Unit，IWU)，它可以置于外地代理中或者与外地代理同一条链路上的一个分立主机中，如图 8-10 所示。从外地代理的角度来看，IWU 像是一个使用同一数据链路层地址注册不同 IP 地址的移动结点。

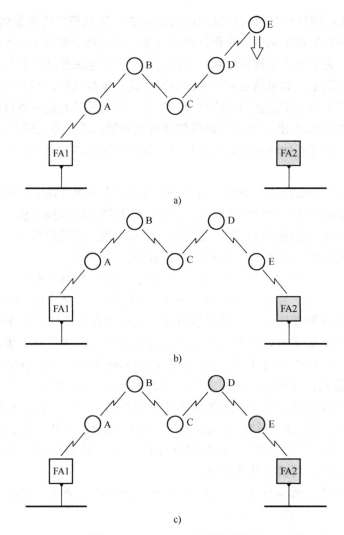

图 8-9 MIPMANET 蜂窝切换示例

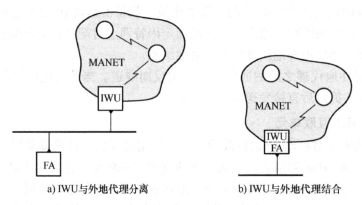

a) IWU与外地代理分离　　b) IWU与外地代理结合

图 8-10 MIPMANET 内部互联单元

IWU 将移动 IP 数据链路层通信转换成可以在 Ad Hoc 网络的网络层通信，反之亦然。从外地代理发到 IWU 的每个数据包根据其采用方案的不同进行转换后发到 Ad Hoc 网络中。IWU 对不同实现方案按以下方式进行处理：

1）代理请求。如果系统以广播代理广播方式对代理请求进行响应的话，IWU 将其收到的单播代理广播转换成广播方式，然后发送到 Ad Hoc 网络中。反之，如果系统以单播代理广播方式进行代理请求应答的话，IWU 无须对代理广播消息进行变动，只需将其转发到 Ad Hoc 网络中即可。

2）周期性的代理广播。如果周期性的代理广播仅发送给已注册结点，IWU 就复制所有接收到的广播代理广播消息，然后将其单播给已注册结点。为了做到这一点，IWU 需要知道哪些结点已注册到该外地代理上。如果代理广播消息是周期性广播的，IWU 只需将它们转发到 Ad Hoc 网络中即可。

思考题与习题

1. 请简述战术互联网的基本概念和典型特点。
2. 请分析移动 IP 在移动 Ad Hoc 网络中应用存在的问题。
3. 请简述 MIPMANET 技术的基本思想。

参考文献

[1] 吕林涛. 网络信息安全技术概论 [M]. 3 版. 北京：科学出版社，2020.

[2] 陈伟，李频. 网络安全原理与实践 [M]. 2 版. 北京：清华大学出版社，2023.

[3] 谢希仁. 计算机网络 [M]. 8 版. 北京：电子工业出版社，2021.

[4] 李晓辉，顾华玺，党岚君. 移动 IP 技术与网络移动性 [M]. 北京：国防工业出版社，2009.

[5] 周贤伟. 移动 IP 与安全 [M]. 北京：国防工业出版社，2010.

[6] 蔡跃明，吴启晖，田华，等. 现代移动通信 [M]. 5 版. 北京：机械工业出版社，2022.

[7] 任勇毛，储华珍，周旭，等. 5G 网络 IPv6 协议关键技术研究 [J]. 科研信息化技术与应用，2018，9（1）：13-22.

[8] 张燕峰，柳长青，童国林，等. 基于 SCTP 和移动 IP 的 GEO 天基网络移动性管理 [J]. 无线电工程，2017，47（10）：6-11.

[9] 贺达健，游鹏，雍少为. LEO 卫星通信网络的移动性管理 [J]. 中国空间科学技术，2016，36（3）：1-14.

[10] 朱德庆，无线局域网络中移动 IPv6 技术的实现策略与性能优化 [D]. 杭州：浙江工业大学，2016.

[11] 范贤学，金兴华，基于移动 IP 技术的机动指挥控制系统组网 [J]. 指挥信息系统与技术，2016，7（3）：32-37.

[12] 李振斌，赵峰. "IPv6+" 技术标准体系 [J]. 电信科学，2020（8）：11-21.